U0395597

高等院校园艺、园林、风景园林专业适用规划教材

园林植物栽培养护

——常见有害生物的识别与防治

袁惠燕　王　波　刘　婷　著

苏州大学出版社

图书在版编目(CIP)数据

园林植物栽培养护:常见有害生物的识别与防治／
袁惠燕,王波,刘婷著. —苏州:苏州大学出版社,
2019.11

高等院校园艺、园林、风景园林专业适用规划教材

ISBN 978－7－5672－2955－6

Ⅰ.①园…　Ⅱ.①袁…②王…③刘…　Ⅲ.①园林植
物—病虫害防治—高等学校—教材　Ⅳ.①S436.8

中国版本图书馆 CIP 数据核字(2019)第 223812 号

书　　名:园林植物栽培养护——常见有害生物的识别与防治

著　　者:袁惠燕　王　波　刘　婷
责任编辑:周建国
装帧设计:吴　钰

出版发行:苏州大学出版社(Soochow University Press)
社　　址:苏州市十梓街 1 号　邮编:215006
印　　装:虎彩印艺股份有限公司
网　　址:www.sudapress.com
邮　　箱:sdcbs@suda.edu.cn
邮购热线:0512-67480030
销售热线:0512-67481020

开　　本:700 mm×1 000 mm　1/16　印张:15　字数:270 千
版　　次:2019 年 11 月第 1 版
印　　次:2019 年 11 月第 1 次印刷
书　　号:ISBN 978-7-5672-2955-6
定　　价:68.00 元

凡购本社图书发现印装错误,请与本社联系调换。服务热线:0512-67481020

前 言

　　人类作为万物之灵,是自然的一部分,又是自然的破坏者、掠夺者。人们享受着城市化带来的现代、方便、舒适的生活,同时又向往自然生态的森林、湖泊和山水。于是,人们在钢筋混凝土的城市森林中创造性地节约土地,模拟自然,营造宜居的生存环境和生活环境。

　　中国是享誉世界的"园林之母",中国人很早就会开发利用植物的经济效益和生态效益。大量的研究表明,丰富的植被是减缓或降低尘土、噪声、尾气、光污染、城市热岛效应等诸多问题最科学和最经济有效的措施之一。建设者在加快推进城市化过程的同时,越来越重视城市配套绿化的规模总量和质量。乡土树种已满足不了现代人的审美需求。经过不断探索,人们开发利用的植物种类越来越丰富。以苏州地区为例,在城市绿地中经常使用的植物种类达到 500 多种,涉及 60 多科,100 多属。各地大量观叶、观花、观果等习性优良的植物被规划栽种在城市环境中,使得城市里忙碌的人群在日常生活中就能亲近自然,感受大自然的春华秋实。尽管人们在城市绿地中设计使用了大量的植物,但对其生物学、生态学及生产应用方面的科学研究仍然不足,尤其是对因环境改变而给植物带来的影响缺乏足够了解。近几年,苏州地区绿地面积年均增长都超过 500 万平方米,追求速效、密林种植、设计单一等问题仍然普遍存在,城市绿地网络结构尚未形成,这与对苏州自然植被的物种多样性、生态群落的稳定性的追求存在明显的差距。植物从栽植到养护管理涉及众多学科专业,范围太广,尤其在城市环境下,管理者必须具备园艺专业的实践能力,并且能不断适应新的变化。近年来,城市绿地病虫危害问题日益突出,管理者往往应对不足,植保工作显然是现阶段人们面临的一个亟待解决的问题。

　　植保防治工作一贯是以"预防为主、综合防治"为指导方针,与国际有害生物综合防治(IPM)理念也在接轨,但这些方针和理念都是从农业农林生态体系出发的,而在城市环境下发挥自然控制因素,将有害生物控制在经济损害水平以下,实现稳定的生态群落,这至少在现阶段很难实现。城市绿地使用植物跨多科属种,配置方式更多的是从人们的审美角度或实现某种功能出发,与生态多样性的科学角度并不符合,尤其是园林植物的生长环境发生了变化,与自然生态下植物生长情况完全不同，而栽培养护措施却未能及时做出调整。近年来，城市绿地内植物受有害生物危害普遍偏重，在某些年份内大范围集中爆发危害，并且不断发现新的有害生物种类，甚至危害程度发生变化。这种现实状况表明，必须采取积极主动的防治态度及时人为干预园林植物所受侵害。现阶段采用化学防治仍是园林植物栽培养护最经济有效的手段，但缺乏科学指导而盲目滥用药剂的现象普遍存在，这具有很大的环境风险。园艺工作者的目标是为实现植物健康地生长，如何将有害生物控制在一定范围内，并实现科学、经济、安全、有效、环保的栽培养护，在熟悉管理植物的基础上，全面掌握有害生物的危害种类、危害方式、危害状况、危害时间、防治措施等，才能制订科学合理的植保防治方案。

本书图片均是笔者多年来随手所拍，虽然作为园艺从业者，拍摄角度和专业水准有别于植保专业人员，但多年积累下的图片和文字数量众多，笔者筛选出的这一部分，均是发生危害明显易见、危害成因大致清晰、防治措施经济有效的病虫草害，现将其整理归类并汇编成册，同时从园艺从业的角度提出一些看法，以期对园林植物栽培养护有所贡献。

本书中景观植物、昆虫、杂草等中文名均采用规范学名，但从事园艺专业的人都清楚，一物多名、多物同名等现象是普遍存在的，一线的园艺工作人员还会使用地方名等，甚至随着分类学的发展，生物科属被调整、中文名被调整的现象也很常见，因此笔者除了提供中文名以外，还附带提供部分生物的拉丁学名，因为拉丁学名一般固定不变，读者可以借此查找更深入的资料。

鉴于笔者专业水平有限，对植物、有害生物、生态学理解不一定全面，书中不严谨之处在所难免，希望读者批评指正。

目　录

第一章　园林植物的有害生物概述

一、有害生物的理解

　　园林植物有害生物是指危害植物的昆虫、动物、病原微生物、寄生植物、线虫及部分杂草。这些有害生物种类繁多，影响植物正常生长。每种有害生物发生规律不同，同一有害生物在不同植物上危害表现方式也不同，危害方式受气候影响的因素也比较大。部分有害生物对植物造成的危害并不严重，植物生长发育看似正常，因而通常被忽略，但仍然有大量的有害生物的危害是不可逆的，造成植物畸形、扭曲、残缺、落叶等各种状况，影响植物吸收和运送水肥能力及光合能力，植物逐渐衰弱、退化及死亡，并传播病毒造成污染，甚至对人类生产生活带来影响，需要人们采取科学有效的手段及时应对处置。

　　园艺工作者应通过理论与实践的结合，不断提高对有害生物危害的认知，通过日常观察植物生长状态的变化，对管养植物受有害生物危害的发生情况做出正确的判断，并制订完整的防治预案，及时合理把握防治阈值。

二、有害生物分类

　　将园林植物有害生物分类，是从有害生物的危害特点中寻找共同的规律，有利于人们便捷地寻找到合适的防治手段。沿用植保一贯的分类方法，我们可以将苏州地区园林植物常见有害生物主要分为以下几个大类：

1. 食叶性昆虫

　　主要以咀嚼式口器取食植物叶片，有时也会取食植物的花、果、嫩梢等，危害方式多样，从叶片叶基、叶缘、叶尖、叶面、叶背不同部位开始啃食，造成植物叶片有缺刻、孔洞、卷曲、斑块等，其危害有周期性、爆发性特点，造成景观受损。

一般情况下,人们通过危害状可大致判断此类昆虫类群,以鳞翅目幼虫、鞘翅目成虫等为主。这些昆虫虽不会直接导致植物死亡,但会导致植物的光合能力下降,持续多次爆发危害,会导致树势衰弱直至死亡。

2. 刺吸性昆虫

主要以刺吸式、锉吸式口器吸取植物汁液为食的一类昆虫,种类繁多,大多属同翅目、半翅目、缨翅目昆虫,有蚜、虱、蚧、螨、蝉、蓟马等,它们的共同点是,都在植物生长高峰期危害植物叶片及未完全木质化的枝条。这些昆虫大多虫体很小,常群集危害,造成新梢嫩叶扭曲畸形失绿,危害严重的情况下,导致植物落叶,影响植物光合作用,使植物易传播病毒并诱发煤污病。其中蚜虫类最容易防治,但其繁殖方式复杂多样,因而种群很容易恢复;蚧壳虫类危害方式隐蔽,因其体表有蜡质,药剂不易渗透,防治时机难以把握,属于较难防治的刺吸类昆虫,常导致树势衰弱,严重生长不良。

3. 刺吸性螨类

螨类属蛛形纲,不是昆虫,种类多,主要生活在叶片上以刺吸性方式吸取植物汁液,导致叶片失绿,严重影响植物的光合能力。区别于刺吸性昆虫,螨类在高温干旱时期更容易爆发危害,并且药剂防治常会引起其再猖獗,传统上常将其与蚧、虱、蚜、蓟马并列称为"五小"害虫,因其危害及防治特殊,有别于昆虫及近年危害渐趋严重,是有必要将其单列一类的重要原因。

4. 钻蛀性昆虫

钻蛀性昆虫是园林上公认危害最大、防治最难的害虫。主要有天牛类、吉丁虫类、象甲类、小蠹虫类、木蠹蛾类等。其危害大,钻蛀性害虫在枝干根茎皮层内取食危害,部分蛀入枝干木质部及髓心形成孔道,导致植物韧皮部常坏死,植物输导组织被破坏,并传播病毒和各种病害,使植物表皮创面大,极难愈合,常表现出一侧或整株植物失水萎蔫,是植物致死最常见原因。危害方式隐蔽、危害期长是钻蛀性害虫难以防治的主要原因。

5. 地下害虫

主要以蛴螬即鞘翅目金龟子幼虫危害最大,它们群集在植物根部,啃食植物根部皮层,破坏植物根系吸收能力,传播病害,导致植物衰弱,尤其常导致低矮灌木、地被草本成片死亡。同翅目蚱蝉若虫在地下刺吸植物根系,种群庞大,生活多年,对植物造成的危害缓慢而持续,并且很难评估分析。根系是植物生长的根本,植物根系生长在完全封闭的地下空间,在其受危害初期是不易被发现的,一旦植物出现危害状,基本无法挽回,由此可见防治地下害虫的难度。

6. 软体动物

主要是蜗牛、蛞蝓、福寿螺,春秋两季取食和危害草本地被植物的茎、叶、花,尤其对精细种植的草花危害明显,造成植株叶片有孔洞、缺刻和斑块,虫体爬行留下的黏液在阳光下呈七彩反光。福寿螺危害水生植物,大量红色卵块附着在水生植物茎干上,严重影响景观。

7. 病原微生物

植物病原微生物有真菌、细菌、病毒、植原体等多种,其危害状况与危害程度也是千差万别,目前得到深入透彻研究的仅是冰山一角,有大量猝死植物仍查找和分析不出原因。植物受病原微生物危害,内因主要是植物生长衰弱,通过昆虫危害、修剪及其他损伤形成的伤口侵染。其传播扩散的主要介质是土壤、雨水、空气、鸟类等动物或人为接触等方式。在植物组织器官中一般最先从叶片表现出来,危害初期不易被观察到,当危害状明显易见时植物大多数已极难治愈。

8. 杂草

园林绿地杂草的概念很宽泛,养护目标植物以外的草本植物都可以视作杂草。杂草防除要坚持"除早、除小、除了"的原则,但杂草面广量大,生命力顽强,最主要是与目标养护植物混杂生长,很难通过简单有效的养护措施根除。因杂草太复杂,本书仅简单介绍绿地内的一些常见杂草,并根据季节性将之大致分为当年草、越冬草、多年草。

三、有害生物发生危害的环境因子特点

以植物为危害对象的有害生物是与植物的生物学特性以及生长发育密切相关的,甚至与对应植物候期高度相关。影响植物生长的环境因子主要是温度、光照、水分、空气等,而有害生物同样受这些环境因子的影响。植物对生存环境的变化是最敏感的,而有害生物的危害也会随之发生变化,由此使得其危害情况变得相对复杂,人们必须在实践中不断分析、总结、积累。有害生物有前文所述的几大类,暂以昆虫为例阐述其主要特点。

1. 温度影响的特点

苏州地区属亚热带季风海洋性气候,四季分明,无霜期达到 233 天左右,植

物生长年周期明显,冬季落叶树休眠、常绿树停止生长。中国传统节气"惊蛰"(3月5—7日)前后,苏州历年气象数据显示气温达到8℃～10℃,也即植物生长的生物学零度,随有效积温的增大,万物复苏,冬季休眠的植物开始恢复生长,越冬的昆虫也开始活动。由此可见,苏州地区昆虫、植物年周期活动受温度因素的制约最大,活动起止时间是基本相同的。各类植物树液流动,从嫩芽萌动、绿叶舒展、新梢长出,至立夏(5月5—7日)前后新梢停止伸长生长,新叶展开至最大逐渐成熟,此时植物的茎、秆、叶相对柔嫩,这一阶段是以刺吸性害虫为主要危害的高峰期。立夏过后气温处于植物生长的最适温度,植物光合能力增强,新梢嫩叶充实饱满,大多刺吸性蚜虫类危害处于尾声,是其他大部分害虫危害及繁殖活跃期。夏季梅雨过后,小暑(7月6—8日)开始持续到立秋(8月7—9日)前后,一般持续高温,植物基本处于停止生长的状态,多数昆虫在此阶段也以各种自我保护状态度过高温时段。立秋过后,气温逐步下降,植物进入一年内的第二个生长高峰,除部分植物的芽具备早熟性萌发秋梢外,大部分植物光合作用主要是贮藏养分,叶片营养丰富。这个阶段是以食叶性害虫为主要危害的活跃期,往往因上半年害虫基数大且世代重叠,爆发危害的情况时有发生。随着气温逐步下降,植物害虫陆续进入越冬状态。

近年来,园艺工作者普遍反映,部分害虫发生规律及危害情况产生了变化,最明显的特点是其活动延后,其实这与全球气候变暖有关,本质上仍符合温度对害虫影响的特点。

2. 水分影响的特点

水是植物生活的必要条件,苏州地区常年平均降雨量为1100mm左右,其中夏季梅雨及台风暴雨总量为500mm左右。气象资料显示,传统节气惊蛰前后雷阵雨天气出现的概率相对较高,直至清明、谷雨节气前后,苏州地区基本处于春雨阶段,植物抽梢展叶需要大量的水分,水分不足新梢就会提早停止生长,叶片展开不足,这个阶段也是各类昆虫危害期。苏州地区梅雨量年际不均匀,气象资料记录多的年份梅雨量达746mm(1999年),少的年份梅雨量仅为14mm(2005年),梅雨量持续时间差别也大。根际过多的水分对植物生长起明显的抑制作用,植物组织含水量过高,这个阶段刺吸性昆虫危害情况降低,过多的雨水也抑制了其他有害昆虫的活动。进入夏季高温阶段,强对流天气常带来短期雷暴大风现象,降雨量不等,这个阶段大部分昆虫受高温影响比较大。立秋过后,苏州地区秋高气爽,降雨量偏少,这个阶段也是植物生长高峰期,部分食叶性昆虫危害情况加剧。

3. 光照影响的特点

光是绿色植物不可缺少的生存条件,光照条件好,植物光合同化产物积累就多,与此相应的,昆虫取食危害也就严重。太阳光可以转化成热能,昆虫的生长发育及活动均需要充足的光照条件,苏州地区夏季太阳直射角度最大,日照时间长,大部分昆虫停止取食活动,以卵、蛹等形态越夏。仍然继续危害的昆虫,大多白天隐藏,夜间活动取食。

4. 昆虫与植物的对应关系

昆虫与植物分属动物界、植物界,数量庞大,都有到种的分类系统,很多昆虫名前冠有植物名,多数情况是对应植物受害最重,单一专化危害往往具有爆发性特点。常见昆虫寄主广泛食性很杂,通过植物分类尤其是现今分子水平的分类发现,往往一种昆虫危害范围的规律仍是同属、同科为主,然后才是扩大到不同科属,即从植物角度,当某种植物受昆虫危害,同时期,其亲缘关系越近的同科属植物,受同等程度危害的概率越大。

以上特点分析表明,在植物生长的年周期内,大部分害虫危害相对集中在4—6 月、8—10 月这两个植物生长高峰阶段。

四、对植物有害生物危害情况的日常观察

基于植物的有害生物种类众多,危害发生的情况复杂,作为园艺工作者,如何在第一时间内发现有害生物对植物的危害以便及时采取相应的措施就很关键,实践经验越丰富往往能越早发现。当植物受有害生物危害时,其中昆虫危害往往是最直观、最易被发现的,因此这里仍以昆虫为例,阐述对有害生物危害状态的观察。

1. 植物生长状态的变化

园艺工作者首先应熟悉植物并对植物生长的健康状态了如指掌,如果园艺工作者对植物的正常状态不清楚,那么植物出现的不正常状态,园艺工作者都会认为其是正常的。当植物遭受昆虫危害时,首先,在树冠外围新梢新叶会有比较明显的表现,有植物叶片缺刻、孔洞、斑块、粘连、沟槽、卷曲、畸形、发黄、泛白、焦黑、失绿、枯萎、落叶等现象。其次,因部分地下及钻蛀性害虫发生危害,植物枝条、枝组或整株叶片呈现失水萎蔫状态或叶片颜色发暗变小等状态。园艺工作者对植物状态越了解,就越容易判断出植物受哪种昆虫危害。

2.植物周边环境的变化

昆虫频繁活动对植物产生危害,周边环境也会发生细微的变化,园艺工作者可以根据这些现象来判断昆虫危害的状况。比如刺吸性昆虫危害产生蜜露,飘落时细密似雾状,地面潮湿黏稠,滴落在周边植物叶面,在阳光直射下产生反射,蜜露诱发植物煤污等。若食蚜蝇、瓢虫等益虫活动频繁以及随处可见迁飞的有翅蚜,表明绿地内一些植物受蚜虫危害严重;常见的钻蛀性昆虫危害,潜伏初期不易发现,若树体出现流胶,或寄主枝干及根部出现害虫排泄物,表明钻蛀幼虫处于老龄取食危害活跃;若暴食性食叶害虫在高大乔木上,其危害初期不易被发现,但通过地面虫粪颗粒大小和密集程度可以判断虫龄;若发现成群鸟类在某一类植物周边盘旋,我们也可以判断该类植物受昆虫危害程度。

五、植保防治一般预案的制订及实施

有害生物发生危害与植物生长年周期同步发生,造成植物伤害每年往复循环发生,这样的规律看似尽在掌握之中,但总有园艺工作者意料之外的情况发生。植物的年周期内的两个生长高峰,一般同时也是大部分有害生物对植物肆意危害的时段,并且大部分危害的爆发,均是由于第一阶段防治工作的麻痹大意或疏忽造成的。比如,2016年苏州地区樟巢螟第二代危害普遍大爆发,受害严重的香樟整株竟有上千个虫巢,直至当年12月上中旬老熟幼虫仍有少量危害。但2017年总体发生较轻,仅第一代樟巢螟局部发生严重危害。再如以小袋蛾为主的袋蛾类害虫,近三年来对多种寄主植物普遍危害严重,香樟、火棘、红花檵木、侧柏等植物整株成片被取食殆尽的现象已不鲜见。2018年苏锡常地区香樟受石榴小爪螨严重危害,基本无一幸免,香樟叶片发红发黄的现象随处可见。因此,园艺工作者应该对植保防治工作有详备的防治预案,关键是基础防治工作要扎实可靠,应急反应能及时跟上。

1.建立台账制度

园艺工作者应该对管辖区内的植物种类、数量、分布情况建立台账,将历年有害生物危害情况准确、完整、清晰地标注记录在台账上,这样的植物信息数据台账是植保防治工作的基础,是开展植物有害生物防治物资准备、计划制订及实施的重要依据。

2.多渠道利用植保预测预报信息

目前针对城市绿地植保的专业性预测预报信息,其发布的制度、机构、人员等还不够健全或完善,现阶段园林行业主管部门发布的植保防治信息大多来源于个体经验和局部现场踏勘,或直接借鉴自农林部门,其局限性明显。园艺工作者应该根据管辖区内植物的特性,更多地关注和利用其他科研机构、周边城市等提供的植保信息。

3.不同阶段的防治重点

植食性昆虫与植物的相关性具体体现在:植物年周期内经历了从芽萌动到抽新梢展绿叶,再到开花结果,最后落叶等不同生长阶段,在各个不同生长阶段,植物组织的含水量、内含物营养等也处于不同水平,与之对应的主要有害昆虫的种类是有一定规律的。第一阶段从芽萌动至新梢展叶期,植物组织柔嫩且含水量高,这一阶段其所受危害主要是刺吸性蚜虫类昆虫的危害,时间大约在清明至谷雨阶段。第二阶段是新梢停止伸长生长逐渐木质化,叶片完全展开,这一阶段其所受危害主要是刺吸性螨类、蚧类、钻蛀类等昆虫的危害,这一阶段它们处于繁殖高峰期。第三阶段是夏季高温干旱期间,除少量食叶性害虫继续危害植物之外,大部分植物害虫处于休眠状态。第四阶段气温逐渐降低,这一阶段植物所受危害以食叶性害虫以及刺吸性螨类的危害为主。第五阶段进入11月中下旬,植物及威胁其生长的有害昆虫均陆续进入越冬休眠状态。

4.统防统治与重点防治相结合

有计划地对城市绿地全面组织实施一次植保防治工作是颇耗费人力和物力的,同时其对环境及人群都有很大的影响。基于有害生物的危害特点,在相对集中的时间段大部分植物受有害生物危害的情形大致相同,园艺工作者组织实施植保防治工作,应该坚持"统防统治与重点防治相结合"的原则。以蚜虫为例,早春完全不受蚜虫危害的植物很少见,蚜虫刺吸导致植物新叶扭曲变形是不可逆的,各种植物萌芽虽有早晚差异,但在从农历清明至谷雨节气这段时间内,大部分植物新梢新叶均不同程度地受蚜虫刺吸危害,完全靠草蛉、食蚜蝇、瓢虫捕食蚜虫是不可靠的,并且大量的瓢虫幼虫同样不被人们接受,统防统治能经济有效地将各类蚜虫危害控制在最低水平。对于生长在不同区域、受虫害危害不同的树种必须区别对待,其中,对于生长在人流密集区域、易受危害的树种必须重点防治。部分爆食性虫害在一年内会发生多次,第一代害虫种群数量小,其危害常常并不明显,若对其疏于防治或缺乏针对性的防治,往往会导致这种害虫后代世代重叠,造成严重危害。部分常见危害严重的病害,在早春植物恢复生长之际就开始侵染植物了,其初期症状不明显,若未能及时采取有效措施进行针对性防治,一旦外界环境适合,便常常会迅速扩展其危害,造成植物长势衰弱,直至死亡。因此,在关键时机对重点有害生物采取恰当的防治措施,对植物栽培养护是起决定作用的。

六、有害生物防治总体注意事项

在农林业生产中,采取化学防治仍然是现阶段控制有害生物最经济有效的手段。为应对各种各样的有害生物,科研人员已研制出大量的药剂,并且在生产实践中不断摸索总结,从剂型、复配、助剂等方面不断完善,并提高施药技术水平,力求最经济有效地将有害生物控制在一定危害水平以下。园林绿化与农林业生产有很大区别,最大的区别是园林绿化"与人共处,无经济效益"。下文及附表对一般病虫草特征特点、危害类型、发生时间、危害位置、危害状态、危害等级等将进行详细的整理归纳,并清晰展现。根据笔者二十多年经历,园艺工作者应关注目标植物,首先做好土肥水管理、整形修剪每个环节,为植物生长健康层次分明创造条件。古语讲"木必先腐而后生虫",植保工作只是绿化养护工作中的一个环节,园艺管理者知道了问题是什么、措施到位,一般大部分病虫草害就可以控制在一定范围内。很多关于植保的书籍都会大量推荐使用农药种类、浓度,其利在有针对性,其弊在有局限性。在此简单阐述园林植物有害生物防治过程中的总体注意事项。

第一,要用对药。坚持统防统治原则是管理单位的首要职责,不能分解到作业单位。管理单位对主要危害生物的发生情况定期观测,综合利用植保信息,结合实际情况做出准确判断,指导选用农药种类、使用浓度、用药频率,并记录在案。在统防统治原则下,科学、经济、有效、安全、环保的目标才可能实现。在现阶段,作业模式基本实现服务外包,作业单位农药采购途径多样,管理单位应明确要求选择正规生产厂家、正规销售渠道的药剂种类。因病虫抗药性及科研深入,针对性防治的农药产品不断问世,在使用替代农药时,必须对产品说明中的注意事项充分了解,对防治效果、植物伤害、环境污染更要做到心中有数。

第二,要用对时。有害生物防治时机多数情况是在危害尚不明显易见的阶段。园林养护不产生经济效益,外包作业单位每进行一次植保防治,均是人力和物力的耗费,管理单位追求的社会效益常常因此经受考验。植保防治时机稍纵即逝,有时错过不仅仅影响当年,对来年也会有很大关系,最典型的例子是近年发生严重的银杏超小卷蛾,在谷雨前后三天不能抓住防治时机,之后所有的补防不仅无法改变危害带来的景观影响,还会使防治效果低下,造成浪费。

第三,要用对人。现阶段,园艺植保一线技术人员并没有与园林绿地建设规模同比例增长,作业人员均是城镇化前的农民,且老龄化严重,本质上绿化养护仍属于大农业,劳动强度大、收入不高、地位低,行业特点决定了能补充进来的作业人员普遍文化程度不高,执行防治任务技术上常常达不到要求。导致防治失败最常见的具体错误有农药配比随意、不按指导要求混用、施药时间完全无视昆虫危害特点,不仅造成错防漏防,还浪费极大。

第二章 园林植物常见有害生物的识别与防治

一、樟(*Cinnamomum camphora*)

樟,即香樟,具有叶片常绿油亮、树型优美耐修剪、成型见效快的特点,既实用又美观。自 1985 年苏州将其推选为市树以来,香樟迅速成为苏城绿化的主角,是新建道路行道树的首选树种。樟是制作樟脑的主要原料,木材芳香,有驱虫防蛀效果,历来都是制作箱柜家具的理想用材,因此,至少在普通百姓的意识里,香樟是不会发生病虫害的。事实上,近几年香樟的植保防治工作常常是脱节滞后的,对其危害严重的有害生物至少已超过 10 种,并且这些有害生物交叉混合危害,常导致景观严重受损。对香樟危害严重的生物有食叶性樟巢螟、樟叶蜂、小袋蛾、樟潜叶细蛾、樟青凤蝶、刺蛾、樟脊冠网蝽、樟颈曼盲蝽、黑刺粉虱、刺吸性樟个木虱、日本壶链蚧、螨类等。

● 樟巢螟(*Orthaga achatina*)

樟巢螟是大部分园艺工作者在香樟养护中首先必须关注的虫害,主要原因在于樟巢螟危害严重的情况下,其吐丝缀叶形成的虫巢显而易见(图 2-1),严重影响景观,人工摘除费工费时且难以根除。樟巢螟以老熟幼虫在根际浅土层越冬,1 年 2~3 代,苏州地区第一代樟巢螟一般 6 月上旬即有零星新孵幼虫,一般是 2~3 片新叶粘连在一起,每处粘连叶中有 10 多条幼虫,至 6 月中下旬和 7 月上旬第一代危害明显。第一代虫巢小,数量少,在树冠中上层可见,一般并不显眼,这些因素常导致人们对防治效果评判出现误差。第二代樟巢螟一般在 8 月中下旬新孵幼虫,不同立地条件下危害情况差别很大,并且受第一代樟巢螟危害基数及气候情况影响大。以 2016 年为例,这一年,苏州地区第一代樟巢螟危害情况一般,现场观测情况显示并不异于往年,当年梅雨季时间长,雨量超过常年平均量,进入小暑后持续高温无雨达 30 多天,至 8 月中旬开始陆续爆发樟巢螟危害,大部分区域错过最佳防治时间或防治不到位。至 9 月上中旬,部分防治工作不到位的路段,甚至出现往年只在苗圃幼树上才会发生的整株缀满虫巢、叶片被吃光的情况(图2-2)。随着全球气候变暖,苏州地区还会发生第三代樟巢螟危害,时间延后至11月下旬和12月初,老熟幼虫仍然比较活跃,继续实施危害(图2-3)。从以上樟巢螟危害的发生情况可见,对第一代防治彻底是关键,根据多年数据统计发现,在6月下旬前组织一次彻底的统防统治是管理部门必须落实到位的关键工作,是打好对樟巢螟全年防治工作的基础。

图 2-1　第一代樟巢螟新孵幼虫缀叶危害
（时间为 6 月 30 日）

图 2-2　第二代樟巢螟树冠外围虫巢情况

图 2-3　越冬前老熟幼虫危害

● 小袋蛾(*Acanthopsyche* sp.)

近几年来袋蛾危害香樟的现象普遍发生(图2-4),且危害严重,以小袋蛾、茶袋蛾为主要常见种类。苏州地区小袋蛾1年2代,第一代小袋蛾与樟巢螟同时期危害,虫量小,并且小袋蛾个体小,袋囊附着在叶背,在香樟浓密的树冠内极难被发现,近年有趋早趋重趋势。第二代小袋蛾常常在夏秋气温下降后爆发危害,与第一代危害仅造成叶面孔洞不同,第二代小袋蛾大量危害时啃食叶肉组织,导致叶面形成枯死斑块、孔洞,直至被取食殆尽。苏州地区近几年已有多处香樟爆发小袋蛾危害,严重影响景观。小袋蛾寄主广泛,已有多种植物受灾,叶片被取食殆尽,间接导致部分植物死亡,下文还将重点阐述。

图2-4　小袋蛾危害香樟

● **樟潜叶细蛾**（*Acrocercops ordinatalla*）

　　樟潜叶细蛾幼虫在叶片上下表皮内取食叶肉组织,初期形成弯曲虫道,后逐渐成蚕豆大小透明斑块,在其内排黑色粪（图2-5）,属常见危害种类,虽未见严重危害发生,局部危害率也较高。

图2-5　樟潜叶细蛾幼虫及危害状

● **樟脊冠网蝽**（*Stephanitis macaona* Drake）

　　樟脊冠网蝽历年发生均严重,若虫、成虫群集叶背实施危害,常沿叶缘整齐排列,其黑色排泄物星星点点地布满叶背,引起的叶面失绿及煤污现象,易被观察到（图2-6）。樟脊冠网蝽是危害香樟最普遍、最常见的刺吸性害虫,一般在香樟花期即开始危害。

图 2-6　樟脊冠网蝽危害

● **樟(颈)曼盲蝽(*Mansoniella cinnamomi* Zheng et Liu)**

樟(颈)曼盲蝽若虫透明,人们能发现其零星成虫,活跃,但较难判断其种群数量。此虫危害特征明显,初期若虫在叶背刺吸危害,叶面呈零星枯死锈色小斑块(图 2-7),根据色差从叶面较易识别,大量危害时树冠呈暗红色,会导致整株落叶(图 2-8),从树冠中上部分开始仅剩光杆枝条。因此,日常巡检应仔细观察。

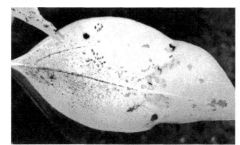

图 2-7　樟(颈)曼盲蝽叶面危害状

图 2-8　樟(颈)曼盲蝽危害导致落叶

- **黑刺粉虱(*Aleurocanthus spiniferus* Quaintance)**

黑刺粉虱分布在香樟叶背,其危害特征明显,在树下极易观察到。危害较轻时叶背三三两两少量散落;危害较重时极像在叶背堆放上一撮撮黑芝麻,枝叶过密时,几乎每张叶片背面都有分布(图2-9)。

图2-9 香樟叶背黑刺粉虱

- **樟个木虱(*Trioza camphorae* Sasaki)**

樟个木虱在香樟叶面形成黄豆大小红褐色虫瘿(图2-10),受害严重时连成片,致使香樟叶片畸形,会导致香樟叶片早落。

图2-10 樟个木虱危害状

- **红带网纹蓟马[*Selenothrips rubrocinctus*(Giard)]**

红带网纹蓟马若虫、成虫在香樟上锉吸新梢嫩叶的汁液,受害叶上产卵点表皮隆起并覆盖有黑褐色胶质膜块或黄褐色粉粒状物(图2-11),形成叶面枯死斑块,并导致叶片卷曲畸形,严重时枯死。

图 2-11　红带网纹蓟马

　　以上刺吸性昆虫特征、分布及其活动各有规律,危害症状不同,但常交叉混合危害。根据多年观察,这些昆虫集中危害严重的时间段主要从 5 月上中旬开始,大致在香樟花后期阶段至 6 月中下旬。此类刺吸性害虫危害方式大抵相似,防治措施基本相同,应根据现场发生情况及时统防统治。

- **石榴(樟)小爪螨[*Oligonychus punicae* (Hirst)]**

　　螨类属蛛形纲,不是昆虫,其虫体极小,在叶面呈红色小点,肉眼不易辨识,但对香樟造成危害常常是全范围的,在危害发生严重的年份,绝不会漏掉一棵香樟。对于其发生而言,气温和空气湿度是决定因素。苏州地区在 5 月中下旬升温明显,石榴小爪螨会有比较明显的危害状况,在叶面沿叶脉向叶缘发展扩大,导致叶面失绿,严重影响香樟光合能力(图 2-12)。一般在梅雨结束后、进入高温干旱时,其危害最为严重,远看像火烧一样,香樟长势明显迅速衰弱。螨类防治必须在专业指导下,准确用药,防治到位、防治彻底,避免再猖獗发生。

图 2-12　石榴小爪螨危害状

- **其他危害**

　　苏州地区危害香樟常见的有害生物还有樟叶蜂(*Mesonura rufonota* Rohwer）、樟三角尺蛾（*Trigonoptila latimarginaria* Leech）（图2-13）、丽绿刺蛾（*Parasa lepida Cramer*）（图2-14）、樟翠尺蛾（*Thalassodes quadraria* Guenée）（图2-15）、樟青凤蝶（*Graphium sarpedon* Linnaeue）（图2-17）等食叶性害虫。樟叶蜂5月上中旬主要危害香樟新梢嫩叶（图2-16），尤其是短截修剪后在主干上萌发的新梢受危害更为严重。丽绿刺蛾、樟三角尺蛾在6月中旬集中在中上层树冠，其危害初期不易被发现。此类食叶性害虫在香樟上尚未观察到暴食危害，但仍然应引起重视，尤其是对丽绿刺蛾更应如此。黄（黑）胸散白蚁（*Reticulitermes flaviceps/ Reticulitermes chinensis*）、黑刺土白蚁（*Odontotemes formosanus*）在香樟主干上常见，尤其在绿地郁闭度较高林带，其危害更为集中，一般群集在主分枝以下主干外表层和覆盖浅土层内造成危害，因虫量不大对香樟长势的影响不详。

图2-13　樟三角尺蛾幼虫、成虫

图2-14　丽绿刺蛾老熟幼虫、成虫

图2-15　樟翠尺蛾成虫　　　　　图2-16　樟叶蜂幼虫

图 2-17　樟青凤蝶幼虫、成虫

二、樱属(Cerasus)

樱花是乔木类早春网红观花树种,树形优美,花量大,在城市绿地中使用占比非常高。樱花通常是对樱属植物的统称,种类很多。樱桃(*Cerasus pseudocerasus*)在 3 月初开花,总量较少。通常所谓的樱花主要是指从东京樱花(*Cerasus yedoensis*)中选育出的各类樱花,一般先花后叶。大叶早樱(*Cerasus subhirtella*)一般花叶同放,然后是从山樱花(*Cerasus serrulata*)中选育出的各种先叶后花的晚樱盛开,构建了从 3 月初到 4 月中旬长达 50 天的花期。以此种为基础及常用郁李、麦李的樱属植物,受有害生物的危害情况基本相似,种间差别不大。

● 桃红颈天牛(*Aromia bungii* Faldermann)

以桃红颈天牛为主的天牛钻蛀危害樱属植物,是导致树势衰弱甚至死亡的最主要原因。桃红颈天牛幼虫在 3 月中旬即开始活动,5 月上中旬成虫开始羽化,成虫期长,产卵一般集中在主枝分枝点以下主干、根茎部及裸露在地表的根系,单粒散产于树表皮缝隙处(图 2-18)。樱属植物树皮粗糙皮孔多,桃红颈天牛幼虫在危害初期不易发现,当主干有明显天牛排泄物时,危害部位皮层大半已被啃食(图 2-19)。天牛防治是园林植保中最棘手的工作,钩杀幼虫、诱捕成虫的传统做法在苗木数量较少、人工成本较低时确实是稳妥的做法,现阶段推荐最有效的防治措施,一是杀虫剂 + 渗透剂防治幼虫;二是用绿色威雷杀成虫,但材料、人工成本高昂,并且必须对樱花树干均匀喷洒药剂,而现实情况是,大部分立地条件下,绕树一圈是不现实的,常常导致漏防。根据天牛现场危害情况分析,低龄樱花健康生长时危害少,成年树、衰老树危害普遍。在制订防治计划时,针对大树及重要节点位置的景观树,应区别对待,重点防治。樱花花量大,花后严重缺肥,可以通过增施含氮速效肥等养护措施增强树势。

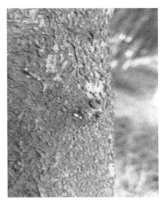

图2-18 桃红颈天牛卵比白芝麻小（红叶李树干）

图2-19 桃红颈天牛幼虫危害状

- **梨冠网蝽**[*Stephanotis nashi*(Esaki et Takeya)]

梨冠网蝽是刺吸性害虫，1年4~5代，一般从叶片背面基部沿主脉刺吸危害，同时在叶背留存黑色点状排泄物（图2-20）。早春4月即发现危害，至梅雨前危害会比较明显，但因初期种群小，园艺工作者常忽视对其防治工作。在8月中下旬至9月上旬，常密集危害，叶面失绿严重，

图2-20 梨冠网蝽在樱花叶背危害状

导致叶片大面积提前掉落，植物在年周期内第二个生长高峰期基本无有效光合积累，造成落叶，而落叶早，又会刺激樱花少量开花及再次萌发新叶，严重削弱树势。

- **蔷薇科植物穿孔病**[*Xanthomomas campestris pv. pruni*(Smith) Dye. / *Cercospora circumscissa* Sacc.]

顾名思义，蔷薇科植物穿孔病危害蔷薇科大部分植物，对于樱属植物而言是常见重要病害，在桃李杏属植物上危害程度相同，分真菌性和细菌性穿孔病，两者常交叉混合危害，叶面病健明显，与甲虫类昆虫啮食危害的孔洞应区分。在危害初期，病部褐色斑块小，不脱落；随着危害加剧，连片合成大的孔洞（图2-21）。一般在4月中下旬即开始发生危害，春夏之间遇雨水则危害蔓延快，严重影响植物光合能力及景观效果。穿孔病是可控的，其防治技术并不复杂，重点在于将每次防治工作落实到位。在植物展叶后未见病斑孔洞前，必须全面喷洒

保护性杀菌剂进行防护;植物一旦发病,必须定期喷洒,遇雨水多还需加大防治频率。

图 2-21 蔷薇科植物穿孔病

● 切叶象 (Aderorhinus crioceroides)

苏州地区从 2013 年或 2014 年开始,早樱花后、晚樱花前期这个阶段,区域性发生东京樱花、大叶早樱大量落叶,叶面残破,并从叶柄靠近叶基位置折断,但找不到危害源。经多年观察,造成此严重危害的是一种鞘翅目昆虫,经专家鉴定初步判断为梨象甲 (Rhynchites foveipennis) 一类昆虫。到 2019 年 4—5 月,该虫在苏锡常多种蔷薇科植物上普遍严重危害,其危害特征与梨象甲类昆虫出入较大,但查阅资料发现对此虫研究少,完全吻合可采信的信息基本没有。大致能判定其是卷象科一种象甲昆虫,比对后更倾向于一种卷叶象昆虫 (Aderorhinus crioceroides),从危害特点暂称其为"切叶象"(图 2-22),从全年危害情况看 1年发生 1 代,以成虫破坏性大。该成虫虫体小,从 3 月下旬至 4 月上旬开始大量危害,啃食叶面,形成多处孔洞,在叶基附近咬食叶柄,导致叶柄断裂,产生大量落叶(图 2-23)。白天少量可见,一般躲藏在枝芽叶背荫蔽处,较少活动。此虫在苏州地区的生活史不详,但近几年观察发现该虫危害已普遍,寄主范围扩大,已发现在多种蔷薇科植物上危害,以樱属植物、红叶石楠、桃、红叶李受害最重。危害时间延长,在 5 月上旬仍可见明显危害,危害程度加重,常导致大量落叶及新梢折断。因切叶象危害隐蔽,初期较难发现,虫体小,白天不活动,咬食叶柄并不直接断裂,在发现零星叶片将断未断时,即要采取药剂防治措施。樱花早春开花花量大,切叶象危害一般在早樱花后期,严重危害会迅速导致树势衰弱。鉴于该虫危害性大,园林绿地中蔷薇科植物种类多,科研机构应尽快对其生活史进行准确而深入的研究。

图 2-22　切叶象　　　　　图 2-23　切叶象危害引起的大量落叶

● **朱砂叶螨**(*Tetranychus cinnabarinus*)

　　朱砂叶螨是樱属植物上的常见害虫,虫体小,一般于 5 月中下旬在叶背危害明显(图 2-24)。苏州地区梅雨季过后,在小暑节气后迅速升温,常爆发朱砂叶螨严重危害,导致植物整株叶片发黄发红,失水严重像烘干的纸张,严重影响正常生长。朱砂叶螨同时期也严重危害桃李杏梅等其他蔷薇科植物。朱砂叶螨与梨冠网蝽对叶面的危害症状有相似之处,危害期也差不多,但对两者防治措施不同,可兼防兼治,不能错防漏防。

图 2-24　朱砂叶螨叶背危害状

● **梨小食心虫、木蠹蛾、黑蚱蝉** (*Grapholitha molesta／Zeuzera leuconolum／Cryptotympana atrata*)

　　樱花在 5—8 月之间常出现大量枯梢现象,是由梨小食心虫、六星黑点豹蠹蛾(木蠹蛾)、黑蚱蝉危害造成的,这些害虫均是危害严重难以防治的一类虫害。梨小食心虫、木蠹蛾、黑蚱蝉危害樱属植物症状近似,均是引起新梢前端枯死折断(图 2-25)。在危害时间上稍有先后,前期以梨小食心虫为主,梨小食心虫一般从顶芽前端钻蛀危害,导致新梢顶枯死,枝顶有黏稠透明胶状物。木蠹蛾新孵幼虫从叶腋处蛀入后枝条失水枯死(图 2-26),幼虫继续在木质部钻蛀取食危害,并能转枝条继续钻蛀危害(图 2-27),直至翌年春夏化蛹羽化,产生大量枯死枝。黑蚱蝉通过刺破枝条表皮产卵,同一部位一般产5~6粒白色细长卵,产卵部位以上枝条失水枯死(图2-28),而新孵若虫下地继续刺吸根系危害,并在地下生活多年。黑蚱蝉年际发生不均,当7月明显感觉到蝉鸣时,在其危害之下,7月下旬至8月上旬在樱花树冠中上层产生大量枯死枝条。以上三种防治措施,仍以及时修剪枯死枝条并销毁以减少虫口基数最为有效。

图2-25　梨小食心虫引起枯梢

图2-26　木蠹蛾危害　　　　　图2-27　木蠹蛾老熟幼虫

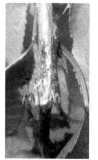

图2-28　黑蚱蝉枯梢及卵

- **根癌**(*Agrobacterium tumefactions*)

根癌在樱属植物中常见,是一种细菌性病害,在根茎部、裸露根系常形成瘤状结块(图2-29),导致树势衰弱甚至死亡。根癌常被人们忽视而疏于防治的原因是,大多数人认为这样的樱花树已进入衰老期。其防治措施主要在于保持樱花根际土壤疏松不板结,排水通畅,增施有机肥。根部病害部分应刮除后涂抹药剂处理。

图2-29　裸露在地表的瘤状根系

● 其他危害

樱花树上还存在其他大量虫害,常见的有金龟子(图2-30)、刺蛾[黄刺蛾(图2-31)、丽绿刺蛾]、卷蛾(茶长卷蛾、棉褐带卷蛾)(图2-32)等。金龟子是对金龟子科昆虫的一种总称,其种类繁多,成虫常在夜间群集取食叶片,白天少见,难以防治。其危害樱属植物时,从树冠上部新梢开始,常在1～2天内整株取食殆尽,仅留叶脉。刺蛾取食樱花叶片时,常使新梢顶部叶片成枯死斑块状;严重危害时,仅留叶脉。卷蛾危害一般不是很严重,初期卷2～3张叶片取食,故其危害不易被发现,后期叶片受其危害而枯黄、残破,影响景

图2-30　金龟子危害(榆叶梅)

观明显。其他虫害还有樱桃瘿瘤头蚜(图2-33)、桑白质蚧(图2-34)。

图2-31　黄刺蛾　　　　　　　图2-32　卷蛾

图 2-33　樱桃瘿瘤头蚜　　　　　图 2-34　桑白质蚧

三、木樨属（Osmanthus）

木樨属植物即各种常见桂花树,含金桂、银桂、丹桂、四季桂等,与香樟同为苏州地区最重要的植物之一。1985 年,苏州将桂花定为苏州市的市花。桂花树受病虫危害相对较少,常见危害主要有以下几种。

● **黄刺蛾**（*Cnidocampa flavescens*）

黄刺蛾危害桂花树比较普遍。刺蛾取食危害时,其低龄幼虫群集叶背,排列整齐壮观。在取食叶肉时,有从叶尖开始完整啃食的,也有仅啃食叶背叶肉,造成叶面透明斑块的(图 2-35)。在危害初期,黄刺蛾集中在新梢顶部的十几张叶片上分散取食。在危害后期,常致桂花叶片形成枯死斑块或仅剩主脉。黄刺蛾严重爆发时,可将桂花树整株取食殆尽,不仅影响景观,更重要的是,大部分桂花树冠低矮,多种植在人流活动较频繁的区域,刺蛾毒毛螫人后奇痒刺痛。苏州地区的黄刺蛾一般存在 6 月中下旬及 8 月中旬后两个危害期,此外,还存在丽绿刺蛾危害。

图 2-35　金桂新梢受刺蛾群集取食危害以及透明枯死斑块

- **茶袋蛾（*Clania minuscula* Butler）**

茶袋蛾为常见的危害桂花树的害虫，其危害程度近年有加重趋势，常形成叶面大量孔洞（图2-36），影响景观效果。

图2-36　袋蛾在桂花树叶背啃食危害

- **小蜡绢须野螟[*Palpita nigropunctalis*（Bremer）]**

小蜡绢须野螟以4月上中旬桂花抽新梢期危害最严重，在新梢展开3～4片新叶时，幼虫在新梢顶抽丝缀叶结巢，在巢内啃食叶片，虫体小，危害大（图2-37），严重仅剩主脉（图2-38），残缺叶片继续生长，导致常见扭曲（图2-39）。危害初期即明显可见，一经发现，应立刻采取防治措施。

图2-37　小蜡绢须野螟幼虫

图2-38　小蜡绢须野螟危害状　　　　图2-39　常见扭曲叶片

- **柑橘全爪螨(*Panonchus citri* Mc Gregor)**

柑橘全爪螨对桂花树的危害比较普遍,在5月中下旬开始实施危害,在梅雨季过后进入高温期,其危害程度加剧,致使桂花树叶面失绿泛白(图2-40),严重影响叶片的光合能力。

图2-40 柑橘全爪螨危害状

- **梣粉虱[*Siphoninus phillyreae* (Haliday)]**

2015年之前,桂花上很少见粉虱危害。2018年苏州工业园区范围内,桂花叶背布满粉虱伪蛹(图2-41),叶面黑点清晰可见(图2-42),局部严重,成虫未见。2019年粉虱大爆发,成虫随处可见,甚至一张叶片多达十多头(图2-43)。查阅资料并经专家初步判定,此类害虫为梣粉虱,是一种危害严重的入侵生物,偏好木樨属、蔷薇属植物。鉴于此虫已全范围严重危害,需要有科研机构对其生活史、危害情况及防治措施进行更多的关注。

图2-41 叶背伪蛹

图2-42 叶面表现状

图2-43 梣粉虱成虫

25

• 桂花枯斑病（ *Phyllosticta osmanthicola* ）

桂花枯斑病是桂花树真菌性病害，危害桂花树叶片后形成的枯死斑块随处可见，由叶尖开始枯黄，大小不等，不同立地条件及栽培措施下其危害程度不一。若危害初期不经控制，桂花枯斑病会逐渐蔓延至整株实施危害，致染病叶片有一半以上枯黄（图2-44）。

图 2-44　桂花枯斑病

四、银杏（ *Ginkgo biloba* ）

银杏树在苏州林果业生产栽培历史悠久。银杏树体高大，寿命长，叶型独特，深秋叶色金黄，散落在苏城的古银杏树早就成为深秋的城市名片，是广受喜爱的园林色叶树种。由于这些突出特点，新建绿地中银杏总处于众星拱月的地位，并且大多是大树，移栽后缓苗慢，长期处于树体衰弱的状况之下。在林果业生产中，银杏树较少见病虫危害，在教科书中也很少见关于病虫害对银杏树影响的描述。近几年在城市绿地中，银杏树受病虫危害的现象比较普遍，种类也日益增多。现阶段，银杏树必须防治的病虫害主要是以下几种。

• 银杏超小卷蛾（ *Pammene ginkgoicola* Liu ）

银杏超小卷蛾是近几年发现危害银杏的一种重要害虫，该虫各虫态以及活动均非常隐秘，极少能被发现，但破坏性极大，一般钻蛀危害开始10多天后才呈现明显易见的危害状，危害范围及程度日益扩大。在苏州地区1年1代，以蛹在中下部树干皮层越冬（图2-45），整个生活史活跃时间不长，成虫在短枝叶腋或新发长枝第二、三叶腋处产卵，卵细小不可见，新孵幼虫蛀入形成孔道（图2-46），危害处叶片、嫩梢失去水分供应，很快萎蔫，初期不易观察到，其引起银杏衰老、衰弱危害最重。危害状首先从短枝蛀孔处首张叶片枯死开始，随后短枝处果叶、新发长枝嫩梢萎蔫枯死断折（图2-47）。枯死枝条均是未木质化的且长度一般不超20 cm，密集量大，造成的景观损坏尤其突出，加之银杏树体高大，无法靠人工清理，大量枯死枝叶在生长季将存留较长时间（图2-48）。银杏超小卷蛾幼虫期大部分在树体内或枯叶内躲藏,是导致防治失败的重要原因。据观察,银杏超小卷蛾出蛰活动在清明前后,此时树干表面残存大量成虫羽化后留下的金黄色透明蛹壳(图2-49),成虫活动难以发现。清明至谷雨期间是银杏物候期雄球花渐次开放、雌球花吐水受精重要阶段,也是银杏超小卷蛾产卵孵化的重要阶段,因此,必须密切关注,及时防治。通过调查统计,谷雨前后三天是防治关键时机,时机稍纵即逝,为避免错过,建议在谷雨节气前完成防治。到5月初雌球花绿豆大小时,受害新梢、短枝果叶失水萎蔫开始枯黄,明显可见,表明错过当年的最佳防治时机,防治失败。此后,幼虫会缀叶躲藏,虽防治难度加大,在5月下旬前仍务必采取补救措施,及时防治,主要减少来年虫害基数。

图 2-45　银杏超小卷蛾蛹

图 2-46　银杏超小卷蛾成虫、卵、幼虫

图 2-47　银杏超小卷蛾幼虫危害新梢、短枝

图 2-48　银杏超小卷蛾危害状

图 2-49　银杏超小卷蛾老熟幼虫下树

- **茶黄硬蓟马**（*Scirtothrips dorsalis* Hood assam thrips, chillic thrips）

　　梅雨季节后，银杏树的叶面常常会泛白、发黄，一般在扇形叶面边缘，大小不一，以树冠中下层最明显。银杏树体高大，仅在整株叶面都泛白的情况下才会引起人们的关注，并且人们常将其归因于夏季持续高温引起的日灼而没有仔细察看。其实此类症状主要由茶黄硬蓟马锉吸危害所造成（图 2-50）。近几年，在银杏树主干及树体周边常出现温室白粉虱（图 2-51），与茶黄硬蓟马的危害基本在同一时间段发生。

图 2-50　茶黄硬蓟马叶面危害　　　　图 2-51　温室白粉虱

● **银杏轮斑病**(*Pestalotiopsis ginkgo*)

银杏叶部有多种病害,银杏轮斑病大致在梅雨前后发生,叶面出现症状最初从叶缘开始(图2-52),以衰弱衰老树为重。银杏树体高大不易防治,短时间内即整树枯黄,会导致落叶。建议杀菌剂灌根处理。

图2-52　银杏轮斑病叶部危害状

五、垂柳(*Salix babylonica*)

苏州小桥流水的城市印象,少不了垂柳。垂柳是落叶乔木,全球气候变暖后,暖冬在垂柳上的体现最为明显直观,垂柳的落叶休眠期明显缩短了,整个落叶期集中在1个月短短的30天内,并且经常性出现老叶未落尽新芽已萌动的现象。由此带来的是,发生在垂柳上的有害生物危害情况越来越突出,危害程度越来越严重。同时由于垂柳生长速度快,树体高大,苗木来源广泛,价值低,大多栽种在河道边,不便施药,人们对垂柳的植保工作滞后脱节现象最明显。在城市绿地中,完全长势健康无病虫危害的垂柳很少见。

● **柳蚜**(*Aphis farinosa* Gmelin)

柳蚜是危害垂柳的蚜虫之一。垂柳展叶后,柳蚜群集叶面沿叶脉刺吸危害,叶面失绿泛白,柳蚜分泌的蜜露常形成极大的污染(图2-53)。垂柳枝条柔软,柳叶充满光泽,受蚜虫危害程度较轻时,一旦春风拂动柳枝,即能明显观察到整株树体的污浊。

图2-53　柳蚜危害状

- 柳蓝叶甲[*Plagiodera versicolora*（Laicharting）]/柳沟胸跳甲（*Crepidodera pluta*）

柳蓝叶甲、柳沟胸跳甲的成虫和幼虫常混杂啃食柳叶（图2-54、图2-55），在4月上中旬即开始危害，5月中下旬开始危害明显，在8月中下旬危害变得最为严重。主要在垂柳叶面啃食叶肉，数量较多，造成叶面出现星星点点的透明斑块、孔洞，并连成片，使叶片扭曲，造成垂柳景观严重受损。柳蓝叶甲、柳沟胸跳甲在苏州地区历年发生较重，对垂柳长势影响较大，在危害初期垂柳叶面出现零星斑块时就应及时采取防治措施。

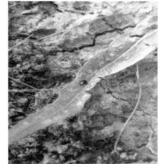

图2-54　柳蓝叶甲幼虫、成虫危害状　　　图2-55　柳沟胸跳甲成虫危害状

- 柳细蛾（*Lithocolletis paslorella* Zeller）/柳丽细蛾[*Caloptilia chrysolampra*（Meyrick）]

在垂柳叶面虫害中，柳细蛾、柳丽细蛾名字相近，但两者危害方式不同，柳细蛾幼虫在叶面中脉一侧上下表皮内啃食叶肉，使叶面呈长椭圆形透明斑块（图2-56）。柳丽细蛾生活史不详，但危害状特别明显，幼虫从柳叶叶尖部分不断内卷、啃食，形似三角粽，在其内排泄，成虫羽化，"三角粽"散开（图2-57），危害初期在远处也极易观测到，集中在树冠中下层，危害严重。

图2-56　柳细蛾危害状

图 2-57　柳丽细蛾危害状

- **星天牛**[*Anoplophora chinensis*（Forster）]/**咖啡木蠹蛾**（*Zeuzera coffeae* Niether）

星天牛、咖啡木蠹蛾危害垂柳最普遍、最严重（图 2-58、图 2-59），却又是园林养护中极少有针对性防治的钻蛀害虫。城市绿地中大多数垂柳树形千奇百怪，其实这并不是垂柳健康生长的自然树形，而是由这两类钻蛀害虫危害造成的。星天牛、咖啡木蠹蛾在垂柳上危害的密集程度，在其他植物上是少见的，危害产生大量枯死枝条。早春时节，星天牛、咖啡木蠹蛾从惊蛰过后即开始活动，大量的取食活动严重破坏了垂柳的输导组织（图 2-60）。在垂柳进入旺盛生长期后这两种病虫危害导致大量枝条枯死，其内有朽木甲幼虫形成的大树洞（图 2-61）。垂柳耐修剪，生长快，甚至被蛀干倒伏，从根基部还能萌发成株，也因此形成各种怪异的树形。垂柳上的星天牛、木蠹蛾危害虽然难以根治，但我们仍然建议园艺工作者在 5 月中下旬至 7 月上旬其成虫交配产卵时采取防治措施，减少害虫种群数量。

图 2-58　星天牛危害状　　　　　　　　图 2-59　咖啡木蠹蛾危害状

图 2-60　钻蛀形成的孔洞　　　　　　图 2-61　朽木甲幼虫

- **分月扇舟蛾**［*Clostera anastomosis*（Linnaeus,1757）］

分月扇舟蛾在 10—11 月危害严重,并且苏州地区常以老熟幼虫群集在柳枝上越冬（图 2-62）。

图 2-62　分月扇舟蛾取食状及越冬态

- **杨黑点叶蜂**［*Pristiphora conjugata*（Dahlbom）］

杨黑点叶蜂在苏州地区发生危害的现象不常见,一旦发生危害,同区域垂柳一般无一幸免,主要是暴食危害。在暖冬情况下,进入 12 月,垂柳应该叶色正常,如果其显示无叶,尤其是一侧无叶,一般都能发现危害。杨黑点叶蜂幼虫见图 2-63。

图 2-63　杨黑点叶蜂幼虫

- **杨柳小卷蛾**(*Gypsonoma minutana*)

资料显示,垂柳上有多种小卷蛾发生危害(图 2-64),这也导致人们对危害无法做出准确的判断。杨柳小卷蛾是危害普遍且严重的一类,幼虫一般吐丝缀三张叶片,不断啃食,不断退缩,缀叶姿态优美。

图 2-64　小卷蛾

- **柳刺皮瘿螨**(*Aculops niphocladae* Keifer)

柳刺皮瘿螨危害柳叶,局部发生,严重时整树叶密密麻麻地布满瘿瘤,呈鲜艳红色(图 2-65)。

图 2-65　柳刺皮瘿螨

● 其他危害

垂柳上仍有大量其他危害,危害方式包括刺吸、咀嚼、卷叶等形式,并且危害程度不轻。常见的有黄刺蛾[*Cnidocampa flavescens*(Walker)],其在8月中下旬危害严重。此外,还有其他一些如大青叶蝉(图2-66)、娇膜肩网蝽(图2-67)、皱背叶甲(图2-68)、卷蛾、尺蛾(图2-69)、袋蛾(图2-70)等危害情况的发生,叶面常见柳锈病(图2-71)。

图2-66　叶蝉刺吸危害状

图2-67　娇膜肩网蝽刺吸危害状

图2-68　皱背叶甲危害状

图2-69　尺蛾

图2-70　袋蛾

图2-71　柳锈病

六、合欢(*Albizia julibrissin*)

合欢树的树形优美,花期长,花型艳丽,寓意美好,在城市绿地中被大量使用,作为行道树也比较普遍。但近几年来,在苏州及周边地区,作为行道树的合欢树陆续被替换成其他树种,保留下来的合欢树,大部分也都是树形不整齐,补植更换的比例较高。大家普遍认为,作为乡土树种的合欢树,其病虫害多,防治困难,不适合城市绿地使用。合欢树是苏南地区极少见的在盛夏开花的乔木树种,仅此一个优良性状,在园林养护中理应区别对待,尤其是管理部门,可以将治理合欢树的病虫危害列为一个攻关项目。

● 合欢羞木虱[*Acizzia jamatonnica*(Kuwayama)]

合欢羞木虱1年3~4代,刺吸危害(图2-72),在合欢众多有害生物中,以往人们对合欢危害的特殊之处极少描述。其实,合欢羞木虱的刺吸危害不是导致合欢树大量死亡的直接原因,却是导致合欢树树体衰弱,易受其他有害生物侵害,最终致死的最重要原因。在苏州地区,合欢树是落叶乔木中萌芽展叶偏晚的落叶树种,一般在4月初清明前后始发芽抽新梢,此时苏州地区气温已升高,合欢羞木虱在4月底可见明显危害,5月为其危害高峰期。一般防治建议都是在大量蜡丝可见的情况下采取防治。笔者认为,此时已错过防治的最佳时机,而在萌芽展叶期就要开展对合欢羞木虱的防治工作。从6月上中旬开始,因合欢树小叶的特殊结构,受危害的小叶陆续变黄脱落,受危害严重时,甚至连总叶柄一并脱落。受落叶刺激,合欢树的不成熟芽开始萌发,在6月底7月初梅雨结束进入高温季节期间,受危害的新梢瘦弱、叶小。如果遇上持续极端高温干旱天气,当年下半年合欢树树冠上部的瘦弱枝条就会因大量失水而枯死。

图2-72　合欢羞木虱危害状

由此可见,合欢羞木虱危害严重的合欢树植株,在从4月至7月长达近三个月内失去了光合能力,同时耗损了大量养分,树势迅速衰弱,为其他有害生物的侵害寄生创造了条件。因此,在4月底、5月上旬对合欢羞木虱第一代进行重点防治非常关键。

- **合欢双条天牛(*Xystrocera globosa*)**

合欢双条天牛危害方式隐蔽,与其他大部分天牛不同,合欢双条天牛幼虫长期群集在合欢树韧皮部取食至羽化成虫,其排泄物均堆积在皮层(图2-73),危害初期难于被发现。大量成虫羽化后,合欢树周边白天基本不可见,因此防治起来相当困难。根据其现场危害情况,人们可以得出合欢双条天牛的危害规律:大多合欢双条天牛集中在分枝点及以下主干部位,受危害部分的树皮与健康部分的树皮有色差,叩击树干会发出明显的空洞声。在合欢双条天牛成虫羽化后,主干受危害区域的树皮会迅速腐朽、剥落,可见极大的创面和木质部的虫道,极难愈合。合欢双条天牛对合欢树的危害严重,合欢树大量种植,具有区域集中性,因此,某地一旦发现合欢双条天牛的危害情况,必须采取重点防治措施,严格控制其危害范围扩大。

图2-73　合欢双条天牛幼虫、成虫、危害状

- **合欢吉丁虫(*Chrysochroa fulminaus* Fabricius)**

合欢吉丁虫是钻蛀危害合欢树的另一种重要害虫,其幼虫虫体小,仅在合欢树的韧皮部较浅位置危害,植物组织坏死后,在树皮表面可见明显黑褐色斑块或流胶症状(图2-74)。合欢吉丁虫幼虫量大(图2-75),严重破坏合欢树的输导组织,引起树体衰弱,但成虫少见(图2-76)。在其危害初期,虫量较少,特征明显,可直接用棍棒敲击树干处理(图2-77)。

图 2-74　合欢树干表皮流胶

图 2-75　合欢吉丁虫幼虫

图 2-76　合欢吉丁虫成虫

图 2-77　合欢吉丁虫羽化后树皮下虫道

● **变色夜蛾(** *Enmonodia vespertili* Fabricius**)**

　　变色夜蛾幼虫取食合欢小叶,白天在树干及枝丫处隐藏,有时会群集在一处。其虫体颜色与合欢树体颜色近似,不易被发现(图 2-78)。在危害初期,合欢树冠上层小叶被啃食后,从远处可观察到合欢总叶柄下叶片不完整,从近处往上看,由树冠透光也能明显观察到小叶的残缺。变色夜蛾在 8—9 月危害严重,取食合欢树小叶仅留总叶柄,影响景观。

图 2-78　变色夜蛾群集及成虫

● 其他危害

常见的其他危害合欢树的病症与有害生物包括枯萎病（*Fusarium oxysporwm schl. f. sp. pernciosium*）（图 2-79）、溃疡病（*Fusicoccum sp.*）、合欢巢蛾（*Mimosa webworm*）（图 2-80）、小袋蛾（图 2-81）等。在局部区域范围内某些危害特别严重。

图 2-79　枯萎病

图 2-80　合欢巢蛾

图 2-81　小袋蛾

七、重阳木（*Bischofia polycarpa*）

重阳木是乡土树种，落叶，在苏城栽种历史悠久，普通市民可能叫不出该树的名称，却知道这种树到夏季会有"吊死鬼"，只因重阳木帆锦斑蛾使其成了常上电视节目的"明星树"。

● 重阳木帆锦斑蛾（*Histia rhodope* Cramer）

重阳木鲜见受其他病虫严重危害，一直以来，重阳木的植保工作就是围绕重阳木帆锦斑蛾制订防治计划，但仍然经常出现整株叶片被吃光，幼虫吐丝下垂,挂得琳琅满目,充分显示了重阳木帆锦斑蛾的暴食危害特点。苏州地区该虫1年3~4代,以老熟幼虫在树皮缝隙处越冬(图2-82),谷雨后至5月初常见大量成虫在树冠周边绕飞、交配(图2-83),并在叶背、叶基处产卵块(图2-84),5月中下旬(小满前后)开始第1代危害(图2-85),一般程度较轻,但必须密切关注严格执行防治措施。灭杀第1代是控制当年种群基数的关键,防治滞后常导致第2、3代暴食危害。第2、3代危害高峰一般在7月上中旬(小暑前后)、8月上中旬(立秋前后)(图2-86)。重阳木帆锦斑蛾成虫特征明显,较活跃,白天在重阳木周边灌丛地面低飞停留,成虫的这个特性在有害生物中也是少见。通过这个现象可以检验幼虫防治效果,并由此调整防治计划。重阳木在不同立地条件下发生危害程度会不同,在6—9月重阳木帆锦斑蛾危害期,初孵幼虫在重阳木叶背啃食形成的孔洞是比较容易观察到的,日常必须细致观察,把握防治时机。重阳木帆锦斑蛾危害年际不均,年内受气候影响也会发生很大变化,第1、2代危害不明显的情况时有发生,常被误解成防治到位,第3、4代却严重暴食危害,因此抓住第1、2代防治工作是关键,同时,根据现场实际情况抓好每一代防治工作,才能有效控制危害情况。

图2-82　成虫羽化后树干上留下的孔洞

图2-83　成虫

图2-84　叶背卵块

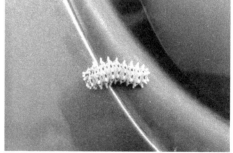

图2-85　幼虫

图 2-86　重阳木帆锦斑蛾危害状

● **重阳木丛枝病(植原体)**

重阳木丛枝病是最近几年迅速蔓延、危害严重的一种病害,专家对其传播危害机理、防治措施的研究与探讨均没有取得任何进展,其危害大有不可控的趋势。受此危害的重阳木,密集生长畸形枝丛(图 2-87),叶片变小发红,植株迅速衰弱,直至死亡。目前建议采取的措施是将危害严重的重阳木移除、销毁,对危害程度较轻的重阳木植株,尽早修剪枝丛,以减少其养分消耗,同时加强肥水管理,以增强树势。

图 2-87　重阳木丛枝病引起大量丛生小枝

八、乌桕(*Mamestra brassicae* Linnaeus)

乌桕是重要的油料树种,在园林绿地中常作为夏季观花、秋季观叶、冬季观果配置的落叶乔木,姿态优美,但主干大多弯曲,多用在开阔绿地中。主要虫害有乌桕(黄)毒蛾、袋蛾、杧果蚜、角蝉等。

● **乌桕(黄)毒蛾[*Euproctis bipunctapex* (Hampson,1891)]**

乌桕毒蛾初期在叶背群集危害(图 2-88),啃食叶肉,严重时会将叶片取食光。幼虫每蜕皮一次,即向树干下方移动。

图 2-88 乌桕(黄)毒蛾

- **油桐尺蛾**(*Buasra suppressaria* Guenee)

　　油桐尺蛾危害乌桕,初孵幼虫极小,体色与乌桕叶片同色,头部呈一星棕红色,通过叶面危害状才能发现,老熟幼虫体型较大(图2-89)。截至目前,苏州地区危害较轻,但有资料表明该虫有暴食危害的特点。

 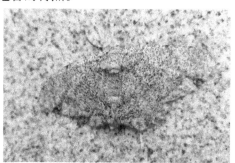

图 2-89 油桐尺蛾幼虫、成虫

- **丽绿刺蛾**[*Parasa lepida* (Cramer)]

　　乌桕受多种刺蛾危害,丽绿刺蛾便是其中之一。丽绿刺蛾常在叶背啃食,留叶脉,造成叶片残破(图2-90)。

图 2-90 丽绿刺蛾叶背啃食危害

- **杜果蚜**[*Toxoptera odinae*(van der Goot)]

乌桕在进入花期阶段,花序及前端叶片易受杜果蚜群集危害,叶面布满蜜露(图 2-91)。

图 2-91　杜果蚜及瓢虫幼虫

- **红胸律点跳甲**[*Bikasha collaris*(Baly, 1877)]

红胸律点跳甲是一种专一危害乌桕的小型叶甲,外形与木槿沟基跳甲极其相似,也因此常被视为同种。危害方式同样是在叶面啃食叶肉(图 2-92),形成孔洞,危害程度均属严重程度,但两者分属不同种。

图 2-92　红胸律点跳甲啃食叶面

- **三刺角蝉**(*Tricentrus* sp.)

乌桕叶背、叶柄处常能发现三刺角蝉残存蜕皮(图 2-93),数量较多,但难以发现虫体(图 2-94),主要是因为三刺角蝉大多躲藏在叶腋处,受惊后以弹射状逃逸。同期发现木虱危害,叶面产生白色蜡丝(图 2-95)。

图 2-93　三刺角蝉蜕　　　　　　　图 2-94　虫体

图 2-95　乌桕木虱危害及叶面大量蜡丝

九、悬铃木属（Platanus）

悬铃木是"行道树之王"，人们一般将一球悬铃木（美国梧桐）、二球悬铃木（英国梧桐）、三球悬铃木（法国梧桐）统统称呼为"法桐"，苏州老城区及周边城市老城区都曾将法桐大量用作行道树。春天，悬铃木球毛引起人们皮肤过敏及呼吸道疾病远胜于杨柳絮，所以新建改建绿化工程使用量已变少。悬铃木树体庞大，速生，创面伤口愈合能力强，因此一般的病虫危害，只要不是严重影响悬铃木生长的，在园林养护中都被忽略。但仍有几种病虫害，已严重影响到悬铃木的正常生长。

● 悬铃木方翅网蝽 [*Corythucha ciliata* (Say)]

悬铃木方翅网蝽在叶片背面从基部沿主脉两侧刺吸危害，苏州地区 1 年 5 代左右，以成虫在树皮缝隙、落叶上越冬，在 5 月中旬即可见明显危害，是近年来悬铃木上的重要虫害。虫害在春天导致叶面失绿扭曲（图2-96），降低悬铃木的光合作用能力，严重情况下悬铃木会提前落叶，并拖长整个落叶期，影响生长，致使树势衰弱。悬铃木树皮片状剥落，适合方翅网蝽的越冬场所多，在方翅网蝽危害严重的区域，冬季清理病虫害工作要彻底。悬铃木叶片大，方翅网蝽危害状明显，在5月中下旬其危害初期即应严格控制。

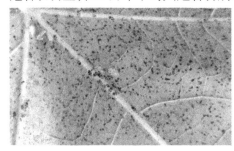

图2-96　悬铃木方翅网蝽叶背刺吸危害及叶面失绿状

● **悬铃木白粉病**（*Erysiphe platani*）

悬铃木易受白粉病危害（图2-97），在5月中下旬梅雨来临之前即发病严重，尤其是悬铃木的新梢嫩叶常因患白粉病而卷曲畸形，严重影响光合作用的能力，遇雨水较多的情况则危害迅速蔓延加重，严重影响悬铃木的生长。白粉病在悬铃木这类高大乔木的树冠外围发病，防治显然比较困难。

图2-97　白粉病危害叶片

● **其他危害**

悬铃木的常见危害还有天牛（图2-98）、袋蛾（图2-99）等，其中天牛对悬铃木的危害极其普遍并且危害严重，但常因悬铃木树体高大愈合能力强，发生在枝干上的此类危害常被认为是疥癣之疾而不被重视，往往形成大量枯枝危膀，存在较大安全隐患。袋蛾爆发危害时，也常能将悬铃木整株叶片啃食光，仅残留叶脉。

图 2-98 悬铃木受天牛危害

图 2-99 悬铃木受袋蛾危害

十、槭属（Acer）

槭属植物主要指常见鸡爪槭及选育出来的红枫、羽毛枫等春秋两季色叶树种,种类多,在绿化工程上用量大,其他同属植物五角枫、元宝枫、三角槭、梣叶槭等点缀使用,而近年来炒得火热的红花槭（美国红枫）大量出现在新建、改建绿地中。这些基本上都是落叶小乔木。槭属植物大多叶型怪异,叶绿素含量低,光合作用能力弱,年生长量小,价值高,因此在城市绿地中大多栽种在重要节点位置,在槭属植物的各类有害生物中,天牛危害常常是其致命的因素。

● 星天牛[*Anoplophora chinensis* (Forster)]

星天牛是槭属植物上常见的天牛种类,其危害部位集中在分枝点（图 2-100）及根茎部（图 2-101）周边范围内,幼虫啃食导致槭属植物的韧皮部坏死,影响植株的输导能力,植株一侧枝条或整株失水萎蔫。星天牛危害是城市绿地中引起槭属植物尤其是红枫死亡的最主要原因。星天牛成虫见图 2-102,羽化孔见图 2-103。

图 2-100 分枝点为害

图 2-101 根茎部活动

图 2-102　星天牛成虫　　　　　　　　图 2-103　羽化孔

- **六星黑点豹蠹蛾（*Zeuzera leuconolum* Butler）**

槭属植物枝条纤弱,木蠹蛾尤其是六星黑点豹蠹蛾(图 2-104)在槭属植物的枝条蛀入危害后,在木质部钻蛀危害,形成较长孔道,遇风雨从枝条羽化孔部位折断(图 2-105)。

图 2-104　六星黑点豹蠹蛾成虫　　　　图 2-105　六星黑点豹蠹蛾危害状

- **黄刺蛾[*Cnidocampa flavescens*（Walker）]/丽绿刺蛾[*Parasa lepida*（Cramer）]**

槭属植物受刺蛾危害普遍,其中,以黄刺蛾和丽绿刺蛾为主,一般危害较重。作为重要的秋色叶树种,槭属植物树体低矮,应确保其叶片完整,不被啃食成大量斑块、缺刻、孔洞(图 2-106)。在 6 月中下旬及 8 月中下旬刺蛾危害发生严重时,必须及时进行防治。

图 2-106　刺蛾危害形成的叶面透明斑块

● **鸡爪槭锥头叶蝉**(*Japananus meridionalis* Bonfils)

自5月中下旬开始，槭属植物尤其是鸡爪槭本种受鸡爪槭锥头叶蝉刺吸危害严重，叶面蜜露在阳光下闪闪发光（图2-107）。鸡爪槭锥头叶蝉成虫善跳跃，下午太阳直射温度较高时，常在叶背或枝干上躲藏休息，受惊后会纷纷逃逸。成虫翅面花纹漂亮，若虫黄色可爱。除此之外，还有小绿叶蝉同期刺吸危害（图2-108）。

图2-108　小绿叶蝉

图2-107　鸡爪槭锥头叶蝉危害状

● **瓢蜡蝉**(*Thabena brunnifrons*)

瓢蜡蝉有黄豆般大小，与槭属植物枝干同色（图2-109），受惊后小碎步悄悄横向移动至枝干背面，触碰枝干，其上下移动容易被发现，未见飞翔，因为其动作幅度很小，人们很少会意识到它的存在。部分植株上数量较多，资料少，尚无法判断其危害程度，但红枫价值高、用量大，各地建有专类园，应关注瓢蜡蝉的发生情况。

图2-109　瓢蜡蝉

● 其他危害

　　槭属植物除遭受以上几种常见的主要危害之外,局部还会发生白粉病(图2-110)、炭疽病等危害(图2-111、图2-112、图2-113),严重影响景观。

图2-110　红枫白粉病

图2-111　三角槭炭疽病

图2-112　红枫炭疽病

图2-113　毛花槭炭疽病

十一、枫香树(*Liquidambar formosana*)

　　每到金秋,苏州天平山的枫叶吸引游人纷纷前往,络绎不绝,其主角便是枫香树。枫香树叶片三裂,而北美枫香五裂。枫香树叶型确实与槭属植物三角槭、元宝槭相近,均是著名色叶树种,但枫香树树体高大挺拔,蒴果球形,与后两者在树型和果型上都有显著差别。

● 武夷山曼盲蝽(*Mansoniella wuyishana* Lin)

　　武夷山曼盲蝽与樟曼盲蝽极相似,若虫(图2-114)、成虫在枫香树叶背刺吸危害(图2-115),枯死小斑块呈较方正形,受限于叶小脉,严重危害时连成片(图2-116),影响光合能力,甚至引起落叶。

图 2-114　若虫

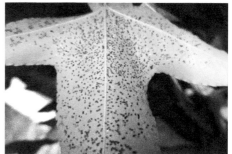

图 2-115　成虫交配　　　　　　　　　　　　图 2-116　危害严重

- **红带网纹蓟马**[*Selenothrips rubrocinctus*(Giard)]

　　红带网纹蓟马在叶背锉吸危害(图 2-117),在枫香树上也属于常见锉吸性虫害。

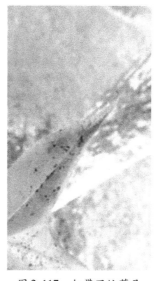

图 2-117　红带网纹蓟马

● 其他危害

枫香树上其他常见危害有食叶性黄刺蛾、袋蛾（图2-118）、刺吸性日本纽绵蚧（图2-119）等，危害程度不等。

图 2-118　袋蛾　　　　　　　图 2-119　日本纽绵蚧

十二、黄连木（*Pistacia chinensis*）

黄连木是著名色叶树种，秋叶呈鲜红或橙黄等艳丽色彩，姿态佳，适应性强。苏锡常各地使用情况千差万别，在有些地区的公园、广场随处可见，也有些地区在绿地建设中难得点缀一两棵。在日常养护管理中应关注两种叶部虫害。

● 梳齿毛根蚜（*Chaetogeoica folidentata*）

梳齿毛根蚜主要危害黄连木叶片，早春危害，在叶背形成硕大虫瘿（图2-120），外表有花纹，形似鸡冠，因此，黄连木又被称作"鸡冠木"。6月中下旬从底部破壁而出，导致大量落叶。

图 2-120　梳齿毛根蚜在黄连木叶片上形成的虫瘿

- **缀叶丛螟（Locastra muscosalis）**

从 6 月中下旬起，黄连木上缀叶丛螟开始危害，初期仅两张叶片缀合（图 2-121），因黄连木羽状复叶叶片密而难以发现。随食量增大，绿叶丛螟幼虫将周边叶片缀合成大巢，严重危害会导致整树光秃。

图 2-121　缀叶丛螟将 2~3 张叶片粘连

十三、栾树（*Koelreuteria paniculata*）

栾树是对栾属植物的统称，一般多见的是全缘叶栾树，即黄山栾树，其复羽叶全缘，树形高大优美，是秋天观花、观果、观叶的重要树种，常用作行道树。在栾树众多有害生物中，栾多态毛蚜和木蠹蛾是最主要的两种虫害。

- **栾多态毛蚜（*Periphyllus koelreuteria* Takahaxhi）**

每年植保工作发布的第一条植保信息，一般都是关于栾多态毛蚜的。栾树是落叶乔木中萌芽较早的树种。栾多态毛蚜危害栾树一般有两个高峰。从 3 月中旬萌芽开始，栾树周边地面布满黑色新孵若蚜（图 2-122），虫体非常小，上树后在新梢嫩芽上密布危害，直至 5 月上旬新梢

图 2-122　栾多态毛蚜上树前（树穴内鹅卵石）

停止伸长生长，远看这些虫体呈黑乎乎一团。若前期防治工作不彻底，待栾树叶片完全展开，蚜虫便开始大爆发，叶面油光发亮，叶片逐渐变黄、扭曲、枯萎乃至掉落，蜜露造成极大污染（图 2-123），地面油亮亮、黏糊糊。第二阶段的大爆发常常会上当地媒体头条，标题常年不变——《又下毛毛雨》。从栾多态毛蚜整个危害过程看，持续时间长、危害重。栾树树体高大，萌芽期药剂防治难度大、

效果差,建议在栾树早春萌动前通过灌根或树干注射防治。

图 2-123　芽尖栾多态毛蚜及蜜露落叶

- **六星黑点豹蠹蛾(*Zeuzera leuconotum*)**

据苏州及周边地区最近几年观察结果显示,木蠹蛾危害多种园林植物,以栾树受灾最重。从 7 月中下旬开始,栾树树冠中上层外围一二年生枝条受木蠹蛾危害后大量折断枯死,严重时枯死枝条占比超过五成(图 2-124),严重影响景观。木蠹蛾防治难度大,目前有效防治措施仍是尽量在木蠹蛾羽化前,即枝条刚开始出现枯死状时剪除,减少虫口数。

图 2-124　木蠹蛾危害成片枯死枝

十四、无患子(*Sapindus saponaria*)

无患子树形开张,姿态优美,秋季叶片金黄,观叶效果与银杏不相上下,且易于成型,近几年在道路绿化中使用量大增。

- **无患子斑蚜(*Tinocallis insularis* Takahashi)**

无患子斑蚜危害严重阶段是在无患子树的叶片完全展开之前,具体时间在 5 月中旬前后。在危害初期症状不甚明显,蚜虫密集在叶背刺吸,很快导致无患子树的叶片扭曲,不规则失绿,产生大量蜜露并诱发煤污(图 2-125)。

图 2-125　无患子斑蚜及蜜露

● **星天牛**(*Anoplophora chinensis*)

　　星天牛危害无患子,其危害部位一般从分枝点以下直至裸露根系(图 2-126)。无患子树皮呈灰白色,相较于其他树种,天牛幼虫在无患子树上的潜伏危害区域坏死部分与周边色差明显。无患子树的愈合能力较强,但无患子树皮光滑,大创面形成的愈伤组织成瘤状,极其影响景观。因此,防治无患子树的星天牛危害宜以预防为主,早发现早防治。

图 2-126　无患子上的天牛幼虫活动

● **未知钻蛀害虫**

　　近几年,无患子普遍存在一类病虫害症状,成片种植尤其突出,即常从分枝点甚至根部一直向上贯穿到分枝,形成宽约 10 ~ 30mm 的孔道,树表皮坏死凹陷,槽内疏松,未发现害虫(图 2-127)。经多位专家现场查看,认为这是虫害的可能性较大。因其严重影响景观,需处理,并建议采取树干注药的方式来预防。

图 2-127　未知害虫危害状

十五、臭椿（*Ailanthus altissima*）

臭椿在苏锡常地区也被大量用作行道树，其高大挺拔，姿态优美。与香椿无亲缘关系，但"香臭"难分。实际上，两者的区别是，臭椿奇数羽状复叶，翅果；香椿偶数羽状复叶，蒴果。臭椿有两种重要虫害。

● 斑衣蜡蝉（*Lycorma delicatula*）

斑衣蜡蝉，别名花姑娘，危害多种园林植物，大多数无须防治，但其偏好苦木科臭椿属植物，常常密密麻麻地分布在主干、分枝、叶柄，刺吸危害，能诱发严重煤污，必须防治。其卵块在主干上整齐排列（图2-128），若虫（图2-129）、成虫（图2-130）不同龄期的大小、颜色、外观形态均存在较大差别。

图2-128　斑衣蜡蝉卵块

图2-129　若虫　　　　　　　　图2-130　成虫

● 旋皮叶蛾（*Eligma narcissus*）

旋皮叶蛾也称臭椿皮蛾，食叶性害虫，在主干化蛹（图2-131），呈微微拱起橄榄形，很隐蔽，即便数量很多也不易被看出。旋皮叶蛾幼虫见图2-132。

图 2-131　旋皮叶蛾蛹

图 2-132　旋皮叶蛾幼虫

十六、朴树(*Celtis sinensis*)

苏南地区民居传统风俗有"前榉后朴"的说法,即屋前栽榉树,宅后种朴树,应是象征"中举""家有仆人"的寓意,所以朴树是常见的乡土树种。朴树主干大多不挺拔直立,较少用作行道树,园林绿化中多取其弯曲苍劲的特点而在重要景观节点作为点缀使用,常因受两种主要刺吸性虫害而影响景观。

● 朴绵斑蚜(*Shivaphis celti* Das)

朴绵斑蚜的形态特征和危害方式有别于一般的蚜虫,主要危害朴树,一般在 4 月中下旬开始实施危害,危害严重时虫子布满叶片、树干,并且在朴树周边绕飞,因虫体白色,整株树体布满星星点点,异常明显(图 2-133),并且引起朴树煤污发黑,严重影响景观。与大部分蚜虫不同的是,在荫蔽环境下生长的朴树,或多或少,基本上全年都会受朴绵斑蚜的危害。

图 2-133　朴绵斑蚜大量危害

● **浙江朴盾木虱**(*Celtisaspis zhejiangana*)

　　浙江朴盾木虱一般与朴绵斑蚜同期相伴对朴树实施危害,其在朴树叶片背面簇生针尖状突起虫瘿,造成叶片畸形,孵化后从叶面连接处断裂,留下圆形斑点(图 2-134)。

图 2-134　浙江朴盾木虱危害状

● **朴树虫瘿**

　　常见两种虫瘿对朴树枝叶影响较大。其一,朴树叶腋间常形成赤豆大小桃心形瘿瘤(图 2-135),初期柔软有弹性,后期内壁木质化,较坚硬,内有白芝麻大小蛆状幼虫一条。瘿瘤整齐排列,初看会被误认为是朴子,后期也未见继发畸形。其二,早春朴树未木质化新枝、叶柄、叶脉常见米粒大小瘿瘤(图 2-136),有时连

图 2-135　枝条虫瘿

成片,枝叶扭曲,内有蛆状幼虫一条,具体种不详,孵化后枝叶残破。

图 2-136　叶脉虫瘿

十七、五针松(*Pinus parviflora*)

五针松常以盆景造型出现,由于盆景技工传承断代,苏锡常公共绿地中的五针松桩景,三五年一过,就沦落成普通树种,被粗放管理,常遭病虫危害,并有猝死现象。

● 浙江黑松叶蜂(*Nesodiprion zhejangensis* Zhou et Xiao)

浙江黑松叶蜂取食危害五针松常常是暴食性的(图 2-137),针叶上全是虫(图 2-138),树下全是虫粪。

图 2-137　浙江黑松叶蜂幼虫　　　　图 2-138　浙江黑松叶蜂危害状

● 日本单蜕盾蚧(Fiorinia japonica)

日本单蜕盾蚧危害五针松针叶,虫体白色,非常细小(图 2-139),其密集危害常引起五针松很快衰弱,整株枯黄。

图 2-139　日本单蜕盾蚧

十八、罗汉松(*Podocarpus macrophyllus*)

罗汉松是乔木,常与五针松搭配组合种植,大多是造型桩景。

● 罗汉松新叶蚜(*Neophyllaphis podocarpi*)

罗汉松新叶蚜不仅仅危害罗汉松新叶,而且嫩枝上也经常密布无翅蚜(图2-140),对罗汉松正常生长影响很大。

图 2-140　罗汉松新叶蚜

● 罗汉松叶枯病(*Pestalotia podocarpi*)

城市绿地中的罗汉松,叶尖部分普遍存在枯黄现象(图2-141),此为罗汉松叶枯病危害所致,危害严重时致整株叶片枯死。

图 2-141　罗汉松叶枯病

十九、紫薇(*Lagerstroemia indica*)

紫薇枝干光滑,斑驳古朴,夏秋开花,花序大,花色多,花期长。紫薇是当年生枝条顶端花芽分化,因此在养护中为促进其开花,冬季修剪常通过重短截的方法促进其枝芽萌发,春夏间对新梢培育养护很关键。紫薇冬夏两季呈现完全不同的造型,是市民最为熟悉的树种之一。

● 紫薇绒蚧(*Eriococcus legerstroemiae* Kuwana)

紫薇绒蚧是园林养护从业者最熟悉的一类蚧壳虫,虫体白色,附着在枝干上,造成煤污严重(图 2-142),影响紫薇正常生长,导致紫薇开花小,花期短。紫薇绒蚧在苏州 1 年 3 代,在 5 月上旬于紫薇分枝点处即可见零星危害,此时立即采取防治措施,能有效控制当年发生量。

图 2-142　紫薇绒蚧危害初期及严重状

- **紫薇白粉病**[*Uncinuliella australiana/Sphaerotheca pannosa* (Wallr.) Lev.]

紫薇白粉病是紫薇上的主要真菌性病害,在苏州地区梅雨来临前即有明显危害,随着梅雨季的来临而加重。紫薇白粉病主要危害紫薇的新梢嫩叶,导致紫薇的叶面卷曲变小,新梢扭曲畸形(图2-143)。受白粉病危害,紫薇花、芽分化停止,不开花或花序很小。

图 2-143　矮紫薇白粉病

- **紫薇长斑蚜**[*Tinocallis kahawaluokalani* (Kirkaldy)]

紫薇长斑蚜是有翅蚜,在紫薇叶背刺吸危害,一般在4月底5月上旬出现(图2-144),夏季高温期间仍会少量存在。大量危害常导致紫薇花叶扭曲,严重影响紫薇的光合作用能力。

图 2-144　紫薇长斑蚜危害状

- **紫薇梨象**(*Pseudorobitis gibbus* Redtenbacher)

近年来发现的严重危害紫薇的一种小甲虫(图2-145),同时危害千屈菜

（图2-146）、石榴（图2-147）等千屈菜科植物嫩梢。从石榴植物分类由石榴科归并到千屈菜科，大致可分析出此虫的取食偏好。春夏之间危害从新梢新芽2~3叶处往下将嫩梢切断，导致新梢枯死，并对腋芽萌发的新梢连续危害，严重影响新梢伸长生长及花、芽分化，并持续危害新梢嫩叶、花、果。白天在叶腋处群集休憩（图2-148），受惊后短距离飞翔或掉落地面。以往人们对于该虫关注不够，近几年其危害呈扩大趋势，尤其在进入紫薇花期，很多紫薇表面生长正常，枝顶却无一花序，主要原因之一即顶芽被切断，养护上应引起高度重视。

图2-145　紫薇梨象切断紫薇新梢

图2-146　紫薇梨象切断千屈菜新梢　　　　图2-147　紫薇梨象切断石榴新梢

图2-148　紫薇梨象群集危害

二十、垂丝海棠(*Malus halliana*)

垂丝海棠适应性强,花量大,与梅花、桃花、樱花等相比,垂丝海棠是春花系列中最常见、最重要的组成部分。在垂丝海棠的众多有害生物中,梨冠网蝽绝对是最主要的虫害。而危害垂丝海棠的有害生物同样也危害西府海棠。

● 梨冠网蝽[*Stephanotis nashi* (Esaki et Takeya)]

梨冠网蝽危害多种蔷薇科植物,对垂丝海棠危害尤其严重(图2-149),苏州地区1年4代左右,在4月即开始零星危害,在叶背沿主脉两侧刺吸,在5月中下旬出现一波危害高峰。垂丝海棠叶片深绿,受危害的叶面失绿特征明显,叶背布满黑色点状排泄物,严重影响叶片的光合作用能力。在梅雨前所受的严重危害会使垂丝海棠在遇夏季高温时,整株叶片似火烧一般。一般在8月中下旬开始爆发危害,遇秋旱常导致垂丝海棠提前落叶,这也是在9、10月造成垂丝海棠常出现零星二次开花、新叶萌芽等异常现象的根本原因。梨冠网蝽危害西府海棠见图2-150。

图2-149 垂丝海棠梨冠网蝽危害状

图2-150 西府海棠梨冠网蝽危害状

● **海棠褐斑病**(*Cercospora* spp.)

海棠褐斑病是危害垂丝海棠或西府海棠的严重病害(图 2-151),一般在 5 月中下旬便开始使海棠叶片出现褐色斑块,导致海棠提前落叶,严重影响海棠的光合作用能力。

图 2-151 海棠褐斑病

二十一、柑橘(*Citrus reticulata*)

在老苏州记忆中,物流不发达时期地产"料红橘",皮薄汁多味甜,与其相反的则是酸橙,而"玳玳"也即酸橙的花,与街头叫卖的栀子花、白兰花齐名,现在却是越来越少见。因此,苏州城市绿地中大量使用了芸香科柑橘、香橼、酸橙等植物。

● **柑橘恶性叶甲**(*Clitea metallica*)

柑橘恶性叶甲危害芸香科柑橘、香橼等植物叶面,属恶性危害种类,导致叶面千疮百孔,形似"鬼脸"(图 2-152),危害高峰一般是在新叶展开时,枯死部分会演变成孔洞,应抓住防治时机。

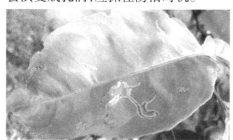

图 2-152 柑橘恶性叶甲危害状

- **橘蚜 [*Toxoptera citricidus* (Kirkaldy)]**

早春芸香科植物新梢嫩叶背受橘蚜危害严重,叶片扭曲畸形(图 2-153)。

图 2-153　橘蚜危害状

- **柑橘凤蝶(*Papilio xuthus*)**

柑橘凤蝶成虫非常漂亮,常成双成对在柑橘、酸橙周边绕飞,履行着凤蝶一生"最神圣的使命"——将卵单粒散产在叶面。卵透明,形似鲫鱼卵,数量较多,幼虫很快孵化。低龄幼虫看似很呆萌,静静地趴在叶面,其实食量很大。虫体初为黄白色,逐渐花白,越长大,越类似于一坨鸟粪(图 2-154)。

图 2-154　柑橘凤蝶幼虫

- **六星吉丁(*Chrysobothris succedana*)/ 中华薄翅天牛(*Megopis sinica white*)**

六星吉丁钻蛀危害至柑橘类植物木质部,大量粪便堆积在树皮下,成虫羽化后,会使坏死的树皮脱落,同时使木质部表面布满弯弯曲曲的虫道及羽化孔(图 2-155),其危害程度不亚于中华薄翅天牛(图 2-156),是导致柑橘死亡的主要原因。

图 2-155　六星吉丁成虫及树皮下虫道

图 2-156　中华薄翅天牛

- **黑刺粉虱**(*Aleurocanthus spiniferus*)

黑刺粉虱在柑橘叶背刺吸危害（图 2-157），因对柑橘危害普遍并严重，故也被称作橘刺粉虱。

图 2-157　黑刺粉虱

二十二、蔷薇属(Rosa)

蔷薇属家族都是著名的观花植物，城市绿地中普遍栽植，有蔷薇、月季花、玫瑰等不同种，并有大量的园艺种，因花形、花色丰富多彩，香味浓郁，一般都种植在靠近行人的地方。而大多数蔷薇属植物是园林中的"药罐子"，在公共绿地内基本看不到健壮完整的植株。因此，对于蔷薇属植物上严重的病虫危害，养护人员必须熟悉，只有这样，才能对植物发生的变化有预判能力。

- **月季黑斑病**[*Diplocarpon rosae* Wolf. / *Marssonina rosae*(LIB.)　Dide.]

月季黑斑病是蔷薇属植物最重要的土传病害之一。危害初期仅叶面呈黑色小斑(图2-158),随着雨水的增多,危害迅速加重,导致落叶。常见月季品种大多易感此病,在萌芽展叶初期即应开始用保护性杀菌剂定期预防。

图2-158　月季黑斑病

- **月季白粉病**[*Sphaerotheca pannosa*(Wallr.) Lev.]

月季白粉病危害大部分月季品种,在危害初期叶面呈一层"白霜",或叶缘卷曲,会侵染花序并影响开花(图2-159)。

图2-159　月季白粉病

- **月季锈病**[*Phragmidium montivagum*(Pers.) Schlecht.]

月季锈病病部呈鲜艳橘红色,在茎、叶背叶脉处常较明显,叶面则有点状危害状(图2-160)。

图 2-160 月季锈病

● **月季根癌**(*Agrobacterium tumefaciens*)

月季根癌发生在根茎部,呈瘤状(图 2-161),是细菌性病害,老桩发病重。

图 2-161 月季根癌

● **月季长管蚜**(*Macrosiphum rosirvorum* Zhang)

危害蔷薇属植物的蚜虫种类多,以月季长管蚜最为常见,其严重危害新梢、嫩叶及花序(图 2-162)。

图 2-162 月季长管蚜

67

● **蔷薇病毒病(*RMV*)**

蔷薇属感病品种的危害症状为叶片呈花叶、卷曲、变小等多种畸形(图 2-163),有时不影响正常生长开花,但植株矮化瘦弱。

图 2-163 蔷薇病毒病危害状

● **朱砂叶螨(*Tetranychus cinnabarinus*)**

每年 4 月,朱砂叶螨即开始在叶背危害,蔷薇属植物普遍受害严重,初期叶片失绿发黄,迅即卷曲发红,叶片发脆直至枯死(图 2-164),植株生长衰弱。

图 2-164 朱砂叶螨危害状

● **中喙丽金龟(*Adoretus sinicus* Burmeister)**

中喙丽金龟食性杂,常群集危害蔷薇科植物,将叶片啃食仅留叶脉,一般夜间出没。附图为中喙丽金龟危害月季状(图 2-165),但周边樱花、桃尚未见明显危害。

图 2-165 中喙丽金龟

- **黑绒鳃金龟**(*Serica orientalis* Motschulsky)

黑绒鳃金龟夜间危害,月季叶片常见有缺刻状,白天能少量遇见其在植株上活动(图 2-166)。

图 2-166　黑绒鳃金龟

- **玫瑰巾夜蛾**(*Parallelia arctotaenia* Guenee)

玫瑰巾夜蛾幼虫危害蔷薇属植物嫩叶、花蕾(图 2-167、图 2-168),受害严重,不取食时在枝干上休憩,受惊后掉落地面装死,所以人们常常会发现其危害状,却难以发现其虫体。

图 2-167　玫瑰巾夜蛾危害月季(叶、花)

图 2-168　玫瑰巾夜蛾危害玫瑰

- **梨剑纹夜蛾（*Acronycta rumicis*）**

梨剑纹夜蛾危害蔷薇属植物叶片、花冠（图2-169），多数情况下危害程度一般，可结合其他虫害一起防治。

图 2-169　梨剑纹夜蛾幼虫

- **小袋蛾（*Acanthopsyche* sp.）**

小袋蛾危害月季叶片、花蕾，图2-170 中的一只虫即反映危害程度。

图 2-170　小袋蛾危害

- **月季卷象（Henicolabus sp.）**

春夏之间，人们常会发现月季小叶被卷曲成约 10 × 5 mm 的圆柱体，数量不等。查阅资料比对，多种卷叶象特征、生活史、危害方式的相关描述均与之不吻合，与寄主为悬钩子的 *Henicolabus* sp. 特征相符，暂称之为"月季卷象"。近年来月季卷象危害普遍严重，成虫易见（图2-171），受惊后飞翔逃逸，并在嫩叶正反面取食叶肉，造成叶面残破（图2-172），成虫交配产卵于叶面上（图2-175），将叶片卷成棍状（图2-173），有时会将复叶 5 ~ 7 张小叶全部卷曲，非常紧实，一叶一粒，卵圆球形，直径约 0.5 mm（图2-174）。观察发现，月季卷象常从叶基处将已枯黄圆柱体咬断。目前多有发现 2～3 张粘连叶片内有幼虫取食危害,但尚不能确定为月季卷象幼虫(图 2-176),只因该昆虫资料少,但从其危害趋势看(图 2-177),应该引起科研单位的关注。

图 2-171 月季卷象成虫 　　　　　　图 2-172 玫瑰叶面成虫取食危害

图 2-173 月季卷叶 　　　　　　　　图 2-174 多张小叶均被卷曲

图 2-175 成虫交配 　　　　　　　　图 2-176 初孵幼虫

图 2-177 玫瑰被卷叶

- **黑额长筒金花虫**[*Physosmaragdina nigrifrous*(Hope,1842)]

春夏过后,月季开完花后,经修剪萌发新梢,新梢顶部常有黑额长筒金花虫啃食危害(图2-178),啃食部位叶片展开后缺刻严重。该虫较活跃,像蜜蜂采蜜般啃食几口就另寻新梢,受惊后会立即高飞逃逸。

图2-178　黑额长筒金花虫

- **拟蔷薇切叶蜂**(*Megachile nipponica* Cockerell)

拟蔷薇切叶蜂切走叶片,只搬去筑巢,并不食用,从叶缘开始,缺刻半圆而不过主脉(图2-179、图2-180),"技艺"达工匠水准。一般认准一株,很少会被抓现行,轻微危害可以忽略,有资料表明可以通过黄板诱捕。

图2-179　拟蔷薇切叶蜂危害玫瑰状　　　　图2-180　拟蔷薇切叶蜂危害月季状

- **月季三节叶蜂/玫瑰三节叶蜂**(*Arge geei* Rohwer/*Arge pagana* Panzer)

春夏之间,多种三节叶蜂危害蔷薇属植物叶片,常见月季三节叶蜂头为黑色,身体呈透明状(图2-181),玫瑰三节叶蜂头为黄色,体表有黑瘤(图2-182),两者外形相似、食性相同,虽吃相优雅,但危害严重,像战斗小分队群集而速战速决,短期内植株仅留叶柄及主脉,受惊后即掉落地面。多种三节叶蜂常混杂危害(图2-183),但发现基本上同种聚集,分片危害。成虫一般飞行缓慢,在嫩枝上产卵,用产卵器切开嫩枝表皮,缓慢前行,植株伤口快速褐变,卵孵化时植株伤口炸裂(图2-184)。

图 2-181　月季三节叶蜂幼虫　　　　　图 2-182　玫瑰三节叶蜂幼虫

图 2-183　混杂危害

图 2-184　三节叶蜂在月季嫩茎产卵及孵化裂开

- **月季叶蜂**(*Arge pagana Panzer*)

　　一种常见的危害月季的叶蜂,幼虫体背灰绿色,体侧白色。查找该虫资料发现,其具体种名不详,有称其为"小黑叶蜂"的。分散危害,程度远不如三节叶蜂严重,一般从叶缘、叶背啃食危害,造成叶片孔洞、残破,一般在叶背盘成一团休息(图2-185)。

图 2-185　月季叶蜂

- **月季茎蜂(*Neosyrista similis*)**

月季茎蜂成虫特征与三节叶蜂有明显差异。月季茎蜂刺入幼嫩枝条产卵(图2-186),幼虫在枝条髓部蛀干危害(图2-187),危害性大。

图 2-186　月季茎蜂成虫产卵　　　　图 2-187　幼虫危害

- **月季瘿蜂(*Diplolepis* sp.)**

月季叶面小脉部分常见一至多个黄豆大小的颜色鲜艳红色的小球体(图2-188),极像手雷,一般为瘿蜂产卵刺激月季叶面细胞快速分裂增长形成,内有蛆状幼虫一条。一般并不影响月季正常生长,也无法评价其对景观有多大影响。

图 2-188　月季瘿蜂危害状

- **蔷薇瘿蚊（*Johnsonomyia* sp.）**

蔷薇属植物均受蔷薇瘿蚊危害严重,新叶未展开前蔷薇瘿蚊在叶面危害,导致叶片不能完全展开,叶缘部分对接,呈饺子状,叶面有白色霜状（图 2-189、图 2-190）。

图 2-189　蔷薇瘿蚊危害玫瑰状　　　图 2-190　蔷薇瘿蚊危害月季状

- **斑衣蜡蝉（*Lycorma delicatula*）**

斑衣蜡蝉在月季、蔷薇嫩枝上数量较多（图 2-191）,刺吸危害,如遇见其群集危害,则须及时防治。

图 2-191　斑衣蜡蝉若虫

- ### 美洲斑潜蝇(*Liriomyza sativae*)

月季受美洲斑潜蝇危害普遍而且严重,叶面呈弯弯曲曲虫道(图 2-192)。

图 2-192　美洲斑潜蝇危害状

二十三、金叶女贞(Ligustrum × vicaryi)

金叶女贞是通过杂交选育出最适合绿篱种植的半常绿灌木,具有耐瘠薄、耐修剪、成型快、观赏性强等多种优良性状。在绿化上曾经大量使用,而最近几年却遭各地纷纷抛弃,这归罪于金叶女贞受几种病虫危害,影响景观,难于防治。金叶女贞隐芽多发,新芽成枝力强,若能将其病虫危害控制在一定范围,仍是优质绿篱品种植物。

- ### 金叶女贞叶斑病(*Corynespora* sp.)

金叶女贞被弃用,罪魁祸首当属于金叶女贞叶斑病,危害严重地块在梅雨来临后病斑扩大,迅速加重,开始出现大量落叶(图 2-193),在夏季高温期间新芽萌发困难,植株长势逐渐衰弱。金叶女贞叶斑病危害严重的原因,一是缺乏对植物病害"防大于治"的观念,金叶女贞叶斑病自危害初期到梅雨季来临前无明显症状,人们一般疏于防治,凡发生叶斑病的地块,在早春萌芽展叶初期即应均匀喷洒保护性杀菌剂,并根据上一年严重程度制订定期防治计划;二是过度养护造成,金叶女贞耐修剪,但人们对修剪程度"放"与"缩"缺乏目标计划,过于频繁地修剪生长点,对植物内源激素更多的是伤害而不是刺激,植株生长衰弱,易受病菌入侵。只要认真制订防治计划并实施有针对性的重点防治措施,是完全可以控制金叶女贞叶斑病蔓延的。

图 2-193　金叶女贞叶斑病及引起落叶

- **金叶女贞潜跳甲**(*Argopistes tsekooni* Chen)/**棕色瓢跳甲**(*Argopistes hoenei* Maulik)

女贞潜跳甲和棕色瓢跳甲是两种小型叶甲,体长均约 3 mm,成幼虫对女贞属植物常爆发恶性危害,因两种叶甲常混杂危害,各种资料对两者形态特征、生活史及危害方式的描述非常混杂,两种叶甲中文名异常多,且常错配混用。两种叶甲区别在于,女贞潜跳甲成虫鞘翅呈黑色,上有 2 个显著红点(图 2-194);棕色瓢跳甲鞘翅呈橙黄色(图 2-195)。幼虫危害常沿叶缘一圈叶面形成弯弯曲曲孔道,成虫啃食叶肉导致叶面大量孔洞,并残留大量黑色粪便,严重危害导致叶面残破掉落(图 2-196),自 4 月上中旬危害开始,至 10 月底基本上持续危害。

图 2-194　女贞潜跳甲　　　　　　　　图 2-195　棕色瓢跳甲

图 2-196　严重危害

- **女贞粗腿象甲**(*Ochyromera ligustri*)

女贞粗腿象甲是另一种危害隐蔽的小型象甲,成虫两前足粗大(图2-197),稍有动静即跌落地面装死,成幼虫均危害金叶女贞、小叶女贞、女贞等植物,以成虫危害性大,常在叶背啃食叶肉,导致叶面大量形成透明斑块、孔洞,严重影响景观。

图 2-197　小叶女贞上的女贞粗腿象甲成虫

- **大灰象虫**[*Sympiezomias velatus*(Chevrolat)]

金叶女贞绿篱侧面常会发现叶缘有锯齿状缺刻,症状有轻有重,断断续续,其虫源为大灰象虫,或其近似种,有绿豆大小,与金叶女贞枝干颜色近似(图2-198),白天常躲藏在枝丫处不动,稍有异动即跌落地面,未见飞翔,不易查找,但根据其危害状能及时采取防治措施。

图 2-198　大灰象虫危害状

- **负泥虫**

2019 年在金叶女贞上发现一种普遍严重危害的虫害,其形态特征与枸杞负泥虫幼虫非常相近,清明前后首先从嫩梢新叶开始发生,大量无足光滑幼虫在叶背取食危害,危害初期叶面呈褐色枯死斑块,并一路留下黑色粪便,短期内将所有叶片取食殆尽,是少见的连叶脉也啃食彻底的虫害(图 2-199),并取食小叶女贞、小蜡、金森女贞等同属植物,具体种名及生活史不详,未见可疑成虫。查阅资料发现其与女贞粗腿象甲、女贞潜跳甲、棕色瓢跳甲危害方式区别大,防治方法参考枸杞负泥虫。

图 2-199　负泥虫幼虫及危害状

- **金叶女贞黄环绢须野螟[*Palpita antulata*(Fabicius)]**

金叶女贞叶面的虫害——金叶女贞黄环绢须野螟,危害比较普遍、明显、严重,通过缀叶取食危害,在新发嫩梢部位更常见,致使植株面目全非(图 2-200)。

图 2-200　金叶女贞黄环绢须野螟幼虫及危害状

- **女贞饰棍蓟马[*Dendrothrips ornatus*(Jablonowsky)]**

女贞饰棍蓟马虫体极小,很难被发现,其虫体中段白色环可确认,在叶面锉吸危害,导致叶片失水呈白色霜状(图 2-201)。女贞饰棍蓟马同样危害其他女贞属植物。

图 2-201　女贞饰棍蓟马危害状

79

- **女贞高颈网蝽（*Perissonemia borneenis*）**

女贞高颈网蝽是一类新虫害，以往人们很少关注，近年大量发生。叶面刺吸，并留下大量黑色点状排泄物（图2-202）。危害小叶女贞、金叶女贞等同属植物。

图2-202　小叶女贞上的女贞高颈网蝽危害状

- **蛴螬**

蛴螬是多种金龟子幼虫的一种统称，以暗黑鳃金龟常见，在地下啃食植物根部皮层，导致植物丧失吸收功能，逐渐成片萎蔫死亡（图2-203）。蛴螬属地下害虫，初期危害容易被人们忽略，一旦植株出现明显萎蔫，往往已很难恢复。蛴螬在地下生活受温度影响较大，当温度过高或过低时，幼虫会转向土层深处，虽不再实施危害，但防治困难。全年一般有两个危害高峰期，大致与植物生长高峰相吻合，对蛴螬的防治工作应抓住时机。

图2-203　蛴螬幼虫及成片危害状

- **其他危害**

危害金叶女贞的有害生物还有很多，如木蠹蛾（图2-204）、白蜡蚧（图2-205、图2-206）、菟丝子（图2-207）、霜天蛾（图2-208）、叶蜂（图2-209）、尺蛾

（图2-210）、袋蛾（图2-211）等。最好在危害初期就能够发现，一旦发现有了危害，必须及时采取措施处置，不致出现大面积危害。

图 2-204　木蠹蛾危害状

图 2-205　白蜡蚧雄虫　　　　　　　　　图 2-206　白蜡蚧雌虫

图 2-207　菟丝子　　　　　图 2-208　霜天蛾幼虫　　　图 2-209　叶蜂幼虫

图 2-210　尺蛾　　　　　　　　　　　　图 2-211　袋蛾

二十四、黄杨(*Buxus sinica*)

黄杨,黄杨科植物,与其他常见栽培的雀舌黄杨、匙叶黄杨、锦熟黄杨等同属植物统统被称为"瓜子黄杨",与卫矛科的各种黄杨完全没有亲缘关系。黄杨属小乔木,最大特点就是生长缓慢,因此基本都是用作绿篱灌木,在日常养护中一般也只需要关注一种虫害——瓜子黄杨绢野螟。

● **瓜子黄杨绢野螟**[*Diaphania perspectalis*(Walker)]

瓜子黄杨绢野螟在苏州地区 1 年繁殖多代,以老熟幼虫越冬(图 2-212),并且比较少见的是早春出蛰后,老熟幼虫仍会继续明显取食危害,然后再化蛹,在早春与栾多态毛蚜同时期危害,排在食叶性害虫中第一位(图 2-213)。瓜子黄杨绢野螟成虫有白色型和灰色型(图 2-214),常在瓜子黄杨周边灌木丛中的叶背下栖憩,不易被发现,且相当警觉,只要有人走近,会惊起低飞,并迅速飞回灌丛。瓜子黄杨在不同立地条件下危害差别较大,可以通过对此类现象的观察来把握其危害情况。在 6 月及 8 月中下旬后有世代重叠,常实施暴食危害。因瓜子黄杨生长缓慢,下半年危害严重,常导致嫩芽不能萌发,植株往往逐渐衰弱而死。

图 2-212　瓜子黄杨绢野螟越冬老熟幼虫危害状　　图 2-213　瓜子黄杨绢野螟严重危害状

图 2-214　白色型和灰色型瓜子黄杨绢野螟成虫

二十五、金边黄杨(*Euonymus japonicus* var. aurea-marginatus*)

金边黄杨是卫矛科中最常见、用量最大的绿篱灌木,抗性强,较少遭受病虫害,其他常见的同属植物还有冬青卫矛、扶芳藤等,这些植物的有害生物大致相同,常见危害有棉蚜、长毛斑蛾、疮痂病、灰斑病等,本处仅介绍普遍发生的丝棉木金星尺蛾、矢尖蚧。

● 丝棉木金星尺蛾(*Calospilos suspecta* Warren)

丝棉木金星尺蛾是危害金边黄杨的主要害虫,苏州地区 1 年 4 代,属暴食危害的害虫,啃食金边黄杨的叶片(图 2-215),常仅留光杆,严重影响景观,并导致植株衰弱(图 2-216)。丝棉木金星尺蛾成虫特征明显,且比较活跃,大量羽化时成虫在灌木丛中低飞,极易被观察到。一般 5 月中下旬为其第一代危害高峰。丝棉木金星尺蛾危害扶芳藤见图 2-217。

图 2-215　丝棉木金星尺蛾幼虫及成虫

图 2-216　金边黄杨危害状　　　　图 2-217　扶芳藤危害状

● 矢尖蚧[*Unaspis yanonensis*(Kuwana)]

金边黄杨常发生植株长势差、叶小以及成片落叶的不正常现象,人们在养护中常找不到其成因。这种现象可能是矢尖蚧危害导致的。矢尖蚧极细小，白色，一般密集附着在金边黄杨的枝干上（图2-218），尤其在过密灌木丛中活动，在植株出现落叶等症状前不易被发现，人们往往错过防治最佳时间。日常养护中，园艺工作者应该在4月中下旬就扒开灌木丛仔细查看，一经发现，应及时采取防治措施。

图2-218　受矢尖蚧危害致死的金边黄杨

二十六、锦绣杜鹃（*Rhododendron pulchrum*）

锦绣杜鹃即大家熟知的毛鹃，也是城市绿地中最常见绿篱用灌木，其花量大，并且花大色艳，这是其他绿篱灌木所不具备的优良特性。组团成片栽种或绿篱隔离用量都很大。在日常养护中，人们往往仅重视杜鹃冠网蝽的防治。近几年来，危害锦绣杜鹃的有害生物种类日渐增多，部分危害程度渐趋加重。

● 杜鹃冠网蝽[*Stephanitis pyriodes*(Scott,1874)]

杜鹃冠网蝽是锦绣杜鹃的主要虫害，苏州地区1年5代左右，花后期杜鹃冠网蝽开始在叶片背面少量刺吸危害，叶面点状失绿。在5月上中旬开始大量实施刺吸危害，叶背黏附黑色点状排泄物，叶面泛白（图2-219），严重影响锦绣杜鹃叶片的光合作用能力。杜鹃冠网蝽在危害初期明显易辨，一旦危害则不可逆，公共绿地中鲜见防控到位的锦绣杜鹃，其根源全在于喷洒作业不到位。

图2-219　杜鹃冠网蝽及危害状

● **杜鹃叶肿病**(*Exobasidium japonicum* Shirai)

杜鹃叶肿病也称饼病,与杜鹃瘿瘤病症状相似,属真菌性病害,一般在 4 月中下旬花后期锦绣杜鹃开始出现顶梢部分叶片卷曲皱缩,发生严重时周围所有叶片都卷曲皱缩(图 2-220),严重影响锦绣杜鹃的生长。随着温度升高及降雨增多,受害叶片卷曲部分发黑、腐烂,严重影响景观。

图 2-220　杜鹃叶肿病

● **杜鹃黑毛三节叶蜂**(*Arge similes*)

杜鹃黑毛三节叶蜂 1 年 3 代,成虫呈黑色,停留在杜鹃叶面时并不显眼;幼虫在灌木丛中上层危害,从叶基部啃食叶片,仅留主脉(图 2-221),常将整株枝顶叶片取食殆尽,目前在局部范围内危害特别严重。

图 2-221　杜鹃黑毛三节叶蜂幼虫危害状及成虫

● **二带遮眼象**(*Pseudocneorhinus bifasciatus* Roelofs)

二带遮眼象集中在灌木丛中下层危害,从叶缘开始不规则啃食,缺刻小,严重时叶片成鱼骨状(图 2-222)。此虫近年来危害渐趋严重,其行动缓慢,白天躲藏或见少量取食。除危害状明显可见之外,一般较难发现虫体。除危害锦绣杜鹃之外,目前在绣线菊、火棘等多种植物上危害特征明显。

图 2-222　二带遮眼象

● 其他危害

　　锦绣杜鹃在养护中还会遇到其他一些害虫,如袋蛾(图 2-223)、黑绒鳃金龟(图 2-224)、温室白粉虱(图 2-225)、木蠹蛾(图 2-226)、尺蛾(图 2-227)等,其中以袋蛾、黑绒鳃金龟造成的危害较为严重,常将锦绣杜鹃区域性成片吃光。

图 2-223　袋蛾危害状

图 2-224　黑绒鳃金龟

图 2-225　白粉虱　　　　　　　　　　图 2-226　木蠹蛾

图 2-227　多种尺蛾幼虫

二十七、红叶石楠(Photinia × fraseri)

　　红叶石楠是杂交选育出来的一个优势绿篱灌木品种,首先,其最大特点是观赏价值特别高。春节过后红叶石楠即开始萌动,新梢嫩叶一片火红。其次,最初使用红叶石楠时病虫危害少,仅发现蚜虫对其有明显危害,尤其是刺叶石楠上易发生严重的白粉病,在红叶石楠上基本没有。再次,近几年夏季持续出现极端高温,尤其是苏州地区 2013 年出现 40 多天持续高温,而红叶石楠表现出明显超过其他绿篱灌木植物的抗旱性能。因此,在新建或改建绿地中,传统灌木纷纷被红叶石楠替代,市民对红叶石楠的喜爱程度,从他们常投诉园艺工作者在春季修剪其红叶可见一斑。本质上,红叶石楠还是蔷薇科石楠属植物,并且随着被绿地景观大量使用,在红叶石楠上发现的有害生物种类逐年增加,危害范围也越来越广,危害程度渐趋严重。

● 绣线菊蚜(*Aphis citricola*)

红叶石楠观赏性体现在新梢嫩叶上,而这个部位也属于蚜虫刺吸危害严重的部位。红叶石楠早春芽萌动早,因气温低,所以蚜虫尚不活跃,在新梢部位虫量较小。随着气温逐渐升高,蚜虫开始密集危害,常导致红叶石楠新梢嫩叶严重扭曲变形,产生大量蜜露,叶面油光发亮(图2-228),失去观赏价值。

图 2-228　红叶石楠受蚜虫危害状

● 茶丽纹象甲(*Myllocerinus aurolineatus*)/二带遮眼象(*Pseudocneorhinus bifasciatus* Roelofs)

红叶石楠上目前发现多种象甲危害,茶丽纹象甲成虫啃食叶片,2015年仅局部区域在树篱中下层少量发现,从老叶叶缘开始,大部分危害状如鱼骨(图2-229),严重危害仅留叶主脉。5月下旬、6月上中旬危害严重,茶丽纹象甲白天大多潜伏不活跃,虫体不大,虫体颜色与老叶相近,不易被发现。随着危害普遍,中上层新梢红叶也渐趋危害严重,尤其白天在红叶上堂而皇之群集啃食危害,异常突出。二带遮眼象危害状大致与茶丽纹象甲相同,在红叶石楠上发现,以危害嫩叶为主(图2-230)。

图 2-229　茶丽纹象甲及危害叶片成鱼骨状

图 2-230　二带遮眼象危害嫩叶

- **切叶象**（Rhynchites foveipennis）

　　切叶象近年危害红叶石楠、光叶石楠普遍且渐趋严重（图 2-231、图 2-232），前几年人们常发现老叶叶面有米粒大小孔洞，在多数情况下却查找不出危害源，而错过防治时机。在红叶石楠新梢抽出但叶片尚未展开时，切叶象在叶片之间常群集啃食危害，因新梢、新叶直立聚合而不易被发现危害。红叶石楠危害处呈黑色易观察到，当新叶展开后叶面满布孔洞，严重危害会导致叶片扭曲，近年其严重危害同样会造成叶柄断裂后大量落叶。

图 2-231　切叶象危害红叶石楠

图 2-232　切叶象危害光叶石楠

- **小蜻蜓尺蛾**［*Cystidia couaggaria*（Guenée，1860）］

　　小蜻蜓尺蛾主要危害蔷薇科植物，在苏州地区，其明显危害是 2015 年在桃树、火棘上首先被发现的。目前,在红叶石楠上出现小蜻蜓尺蛾危害已随处可见(图2-233),但在其他植物上出现的暴食危害现象在红叶石楠上不明显。资料显示,小蜻蜓尺蛾1年1代,以蛹越冬。通过现场观察,4月下旬,小蜻蜓尺蛾幼虫便在红叶石楠上开始危害,在5月上中旬化蛹,成虫在5月底、6月初大量羽化,集中在蔷薇科植物周边低飞,野外未见到卵。小蜻蜓尺蛾老龄幼虫食量大,属于暴食危害的种类,在红叶石楠上的发展趋势必须引起足够重视。

图 2-233　小蜻蜓尺蛾幼虫、蛹、成虫

● 袋蛾(*Acanthopsyche* sp.)

危害红叶石楠的袋蛾种类有小袋蛾、茶袋蛾,它们造成红叶石楠出现叶面孔洞、枯死斑块、透明斑块(图2-234),严重影响景观,危害程度渐趋严重。

图 2-234　袋蛾危害形成的叶面孔洞及枯死斑块

- **矢尖蚧**[*Unaspis yanonensis*(Kuwana)]

矢尖蚧在危害红叶石楠的初期一般不易被发现,其危害严重时,植株明显衰弱并渐次落叶(图2-235),逐渐死亡。

图 2-235　红叶石楠矢尖蚧危害

- **多种病害**

红叶石楠以观红叶为其主要价值所在,其叶面光滑平整,叶缘平滑,尤其当以红色为底色时,叶面上出现的红黑斑点与扭曲等病害症状,即便只是少量的,也都异常突兀明显。早期种植红叶石楠抗病性表现突出,近几年病害种类增多(图2-236、图2-237),危害普遍,危害程度渐趋严重。目前,传统种植的刺叶石楠主要病害白粉病在红叶石楠上尚未观察到。

图 2-236　红叶石楠疮痂炭疽病

图 2-237　褐斑病

● 其他危害

红叶石楠还存在其他一些有害生物(图2-238、图2-239),其中,部分害虫在局部地区少量危害,部分仅观察到危害症状,这些状况都应引起关注。

图2-238　卷蛾　　　　　　　　　　　图2-239　尺蛾

二十八、红花檵木(*Loropetalum chinense var. rubrum*)

红花檵木叶片小,叶色深红,其长势一般,春天开满红色碎纸沫状花,性状优良。在色叶灌木使用上,红花檵木无论是做主角还是配角都很出色,尤其是在造型灌木及桩景方面,红花檵木的使用很普遍。

● 小袋蛾(*Acanthopsyche* sp.)

红花檵木叶片小,叶色深红,受小袋蛾危害形成的孔洞斑块极似疮痂(图2-240)。小袋蛾大量危害时常将红花檵木叶片取食殆尽。

图2-240　小袋蛾危害红花檵木

● 日本纽绵蚧(*Takahashia japonica* Cockerell)

红花檵木分枝多、灌丛密,日本纽绵蚧在危害初期零星散落附着在其中下部枝条上(图2-241),不易被发现,危害严重时导致大量落叶,植株衰弱。

图 2-241　日本纽绵蚧危害红花檵木

- **矢尖蚧[*Unaspis yanonensis* (Kuwana)]**

春夏之间红花檵木常出现猝死现象,尤其是成片栽种的红花檵木球,经常毫无征兆地死亡1～2棵,查找不出原因。通过长期观察分析,导致红花檵木猝死的原因之一可能是有矢尖蚧危害(图2-242)。通过多次调查,在死株相邻植株枝干、叶片上能发现矢尖蚧不同程度的危害。

图 2-242　矢尖蚧危害状

- **返绿**

返绿现象在红花檵木上是一种普遍常见的现象,人们对此现象的成因一直有争论,尚未有明确说法。笔者分析认为,红花檵木是檵木属中檵木的一个变种,"种"是分类学上的最小单位,"变种"与之有同等地位。按照达尔文"凡是稳定的性状可以

图 2-243　红花檵木返绿

作变种分类之用",红花檵木取名"红花"而非"红叶",至少其红花性状比红叶的性状更稳定,返绿现象并不影响其作为变种的地位。绿地中红花檵木的返绿现象持续增多,类似图2-243中的现象也比较常见,其成因极有可能是红花檵木红叶中的叶绿素含量低,当植株营养生长存在问题时,叶片通过返绿以提高叶面叶绿素含量,增强光合作用的能力。因此红花檵木返绿是一种生理现象,不足以将其定性为"返祖现象"。这只是笔者对此类现象所持的观点,不作为结论。

二十九、日本珊瑚树(*Viburnum odoratissimum var. awabuki*)

日本珊瑚树即常见法国冬青,是珊瑚树的变种,常绿,叶片宽大肥厚,叶面光泽发亮,植株长势旺盛,在绿篱灌木中属于高大种类,其使用的目的一般都是起隔离、遮挡作用,植物大多在近距离视线范围内,甚至在城市道路上常常与行人等高并行。其植物习性及特殊的种植方式,决定了保持日本珊瑚树叶面完整、健康的重要性,因此,园艺绿化管理者必须对日本珊瑚树常见有害生物的种类及其危害规律有清晰的认识。

● 桃蚜(*Myzus persicae*)

日本珊瑚树新梢嫩叶、花序均易受蚜虫严重危害(图2-244),由此常被诱发煤污,导致叶面、花序发黑。

图2-244　蚜虫危害日本珊瑚树新梢、花序

● 茶袋蛾(*Clania minuscula*)

日本珊瑚树普遍受小袋蛾、茶袋蛾危害,形成大量孔洞、缺刻(图2-245),影响景观,并且大量袋蛾危害产生的虫粪常常在道路上堆积,破坏环境。

图 2-245　袋蛾危害日本珊瑚树

● **红带网纹蓟马**[*Selenothrips rubrocinctus*(Giard)]

　　红带网纹蓟马虫体极小,形态奇特,受其危害的日本珊瑚树初期叶面布满胶质状的似笔尖一般大的圆珠,排列整齐。日本珊瑚树叶片肥厚,红带网纹蓟马在叶面、叶背锉吸,形成叶面枯死状斑块(图 2-246)。红带网纹蓟马危害日本珊瑚树从叶面出现零星斑块到连片成灾往往所用时间很短,在 6 月,其危害尤为明显,当温度上升后,叶面呈铁锈色,极影响景观。因此,对红带网纹蓟马的防治工作必须迅速及时而不能拖延。日本珊瑚树上还零星发现其他蓟马的危害。

图 2-246　红带网纹蓟马危害日本珊瑚树叶片

● 荚蒾钩蛾/珊瑚树钩蛾/接骨木钩蛾

笔者2009年在苏州工业园区日本珊瑚树上首次发现钩蛾成虫,未特别留意其幼虫的危害情况。截至目前,日本珊瑚树的钩蛾危害常见,尚不是普遍严重,但有迅速扩大危害范围并加重危害程度的趋势。在危害地块上最常见的现象是多数叶片、叶尖被取食,残留小块枯斑,局部发生叶片被取食殆尽的现象(图2-247)。钩蛾低龄幼虫的典型危害状一般沿叶尖、叶缘在叶面啃食叶肉(图2-248);老熟幼虫食量大(图2-249),大量啃食叶片仅留主脉,严重影响景观。常见钩蛾有荚蒾钩蛾(图2-250)、珊瑚树钩蛾和接骨木钩蛾,它们之间的差别细小,不易区分,主要危害五福花科植物荚蒾、日本珊瑚树、接骨木等。目前在荚蒾属多种植物上已发现明显危害(图2-251)。

图 2-247　荚蒾钩蛾典型危害状　　　　　图 2-248　卷叶化蛹

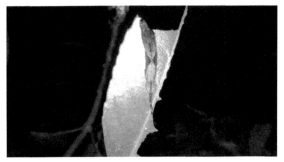

图 2-249　老熟幼虫　　　　　图 2-250　成虫

图 2-251　荚蒾钩蛾在地中海荚蒾、荚蒾叶片上的危害状

- **刺蛾**

　　常见危害日本珊瑚树的刺蛾种类有扁刺蛾（*Thosea sinensis*）（图2-252）、丽绿刺蛾（*Parasa lepida*）（图2-253）和枣弈刺蛾（*Irsgoides conjuncta*）（图2-254），其危害均比较严重。

图 2-252　扁刺蛾　　　　　　图 2-253　丽绿刺蛾　　　　图 2-254　枣弈刺蛾

- **二带遮眼象**（*Pseudocneorhinus bifasciatus* Roelofs）

　　日本珊瑚树中下层叶片边缘常常受二带遮眼象啃食危害（图2-255），症状明显，缺刻成鱼骨状（图2-256），影响景观。

图 2-255　二带遮眼象成虫　　　　　　图 2-256　二带遮眼象危害状

- **六星黑点豹蠹蛾**（*Zenzera leuconolum*）

　　六星黑点豹蠹蛾在珊瑚树主干髓心形成孔道，其虫粪堆积后堵塞孔道（图2-257）。

图 2-257　六星黑点豹蠹蛾危害状

- ● 褐斑病（*Pseudocerespora handelli*）

日本珊瑚树叶片上常见的病害主要是褐斑病，该病害蔓延后，常导致日本珊瑚树上层叶片均因受害扭曲而变红（图2-258）。

图 2-258　日本珊瑚树褐斑病

三十、木槿属（Hibiscus）

常见的木芙蓉、木槿、扶桑及其各自变种、品种均来自木槿属，大抵受相同或相近的有害生物危害，其危害状也近似，同科其他亲缘关系相近的蜀葵、锦葵等植物有时也同样受此类有害生物的危害。

- ● 棉大卷叶螟（*Sylepta derogata* Fabricius）

棉大卷叶螟在木槿属植物上卷叶取食危害（图2-259），严重时使植物仅剩一根光杆，残留大量虫粪，不仅影响景观，还导致花芽分化停止（图2-260、图2-261）。

图 2-259　棉大卷叶螟危害木芙蓉

图 2-260 棉大卷叶螟危害木槿 · · · · · · 图 2-261 棉大卷叶螟危害蜀葵

- **扶桑绵粉蚧**(*Phenacoccus solenopsis* Tinsley)

扶桑绵粉蚧危害锦葵科多种植物,而木芙蓉受其危害最明显,危害程度最为严重,会导致植株停止生长,甚至死亡(图 2-262)。

图 2-262 扶桑绵粉蚧危害状

- **超桥夜蛾**[*Anomis fulvida*(Guenée)]

超桥夜蛾低龄幼虫食量大,在新梢嫩叶处危害,拟态性强,危害木槿、木芙蓉隐蔽,难以发现虫体。老熟幼虫与木槿枝干同色(图 2-263),常常暴食,其危害过的木槿上也很难一眼就发现幼虫,防治时机应把握在新梢顶部新叶被取食呈光杆时(图 2-264)。

图 2-263 木槿上的超桥夜蛾低龄幼虫、老熟幼虫

99

图 2-264　超桥夜蛾对木槿严重危害状

● **梨纹丽夜蛾**[*Acontia transversa*(Guenée)]

在木芙蓉、木槿上,梨纹丽夜蛾也是常见暴食危害的一种昆虫。木芙蓉宽大的叶片常常被取食仅剩叶柄,上面静静的趴着一条黑色型或绿色型梨纹丽夜蛾成虫(图 2-265、图 2-266)。

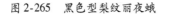

图 2-265　黑色型梨纹丽夜蛾　　　图 2-266　绿色型梨纹丽夜蛾

● **木槿沟基跳甲**(*Sinocrepis obscurofasciata*)

木槿沟基跳甲,亦称木槿跳甲,数量多,危害初期一般形成小的孔洞,或星星点点小白斑(图 2-267),重短截后萌发的新梢新叶受危害最重,常导致新梢不能正常伸长生长。与危害乌桕叶片的红胸律点跳甲极其相似,也因此常有资料将两者混淆。

图 2-267 木槿沟基跳甲危害状

● **其他危害**

木芙蓉或木槿植物的枝叶上有时会零星发现其他未知危害(图 2-268),严重影响植株正常生长,有时还导致植物死亡。

图 2-268 木槿、木芙蓉植株上的未知危害状

三十一、海桐(*Pittosporum tobira*)

海桐属常绿灌木,叶片圆整、光泽发亮,白色小花散发出芳香,冬季蒴果开裂可见红色的种子,观赏价值高。随着城市高架增多,海桐更因耐荫性显著而在绿地景观工程上被大量使用。海桐叶片为厚革质,较少见食叶性虫害,常见危害主要来自两种刺吸性虫害。

● **桃蚜/桃粉蚜**[*Myzus persicae*(Sulzer)/*Hyalopterus arundimis* Fabricius]

海桐在花期内受蚜虫危害严重,其叶片、花序扭曲,产生大量蜜露,油光发亮,并诱发严重煤污(图 2-269)。

图 2-269　桃蚜危害海桐

- **上海无齿木虱（*Edentatipsylla shanghaiensis* Li et Chen）**

上海无齿木虱危害海桐特征明显,在新梢期发生严重,导致叶片高度卷曲畸形,蜡丝白色,煤污黑色(图 2-270),严重影响植株生长。

图 2-270　海桐受上海无齿木虱危害

三十二、山茶属（Camellia）

山茶属都是广受人们喜爱的植物,很多家庭会莳养几盆山茶"好品种"。从春节前即盛开的茶梅,至四五月仍花开满树的山茶,园艺品种多,花型花色丰富,符合中国人的审美特点:饱满、富贵、纯净,有淡香。种植山茶需要良好的酸壤土及光照条件,因此,在公共绿地中栽种的山茶,大多养护情况一般,易遭受病虫危害。

- **山茶叶斑病（*Phyllosticta theicola* Petch/*Macrophoma* sp.）**

山茶叶斑病危害形成叶面枯死斑块,留下网状叶脉(图 2-271),有时与日灼引起的斑块极相似,区别在于叶斑病从叶尖、叶缘开始,而日灼引起的斑块集中在平铺叶面（图2-272）。

图2-271　山茶叶斑病危害状　　　　　　图2-272　日灼山茶叶引起的斑块

- **山茶二叉蚜**[*Toxoptera aurantii*(Boyer de Fonscolombe)]

山茶二叉蚜一般集聚叶背、嫩梢处危害（图2-273）。

图2-273　山茶二叉蚜危害状

- **茶袋蛾**(*Clania minuscula* Butler)

山茶叶片宽大肥厚，表面有光泽，茶袋蛾在其叶背啃食危害，形成大的孔洞及斑块（图2-274），是山茶上危害严重的食叶性害虫。

图2-274　茶袋蛾危害状

- **山茶疮痂病（*Monochaetia* sp.）**

叶片沿边缘两侧发病严重，主要集中于山茶枝条的中上部叶片上（图2-275）。

图2-275　山茶疮痂病危害状

三十三、金丝桃（*Hypericum monogynum*）

金丝桃枝条柔软，叶片呈椭圆形，盛花期开满金黄色花朵，绿地中大量使用，适应性强，但在实际养护中存在不少问题。

- **棉蚜（*Aphis gossypii* Glover）**

金丝桃叶片呈薄纸质，早春新梢嫩叶受蚜虫危害，叶片扭曲变形，叶面呈枯死斑块（图2-276），严重危害时，上层叶片全部枯萎，常会被误认为是叶斑病或日灼斑块。进入花期蚜虫仍继续危害花序，影响开花。

图2-276　蚜虫危害叶片、花序

- **褐斑病［*Pseudocercospora handelii*（Bubak）Deighton］**

金丝桃叶片柔软，进入夏季易受日灼危害，褐斑病是常见叶片病害，一般从叶尖开始出现铁锈色病斑,颜色较艳丽,严重时叶面呈一片火烧状(图2-277)。

图2-277 褐斑病危害状

- **焰夜蛾**(*Pyrrhia umbra*)

进入6月,常见金丝桃叶面有孔洞,叶片残破甚至缺失,依此能判定害虫危害,但较难找到虫源。仔细观察,发现其是一种夜蛾幼虫,根据幼虫的形态特点初步判断其为焰夜蛾(图2-278、图2-279),取食较隐蔽。通过观察,当金丝桃灌丛出现叶片残破,常伴有较多甘蓝夜蛾拟瘦姬蜂在灌丛中穿梭(图2-278),可依此判断并采取防治措施,一年发生一次。

图2-278 焰夜蛾与甘蓝夜蛾拟瘦姬蜂

图2-279 焰夜蛾(手机放大5倍)

- **大灰象虫**[*Sympiezomias velatus* (Chevrolat)]/**二带遮眼象**(*Pseudocneorhinus bifasciatus* Roelofs]

金丝桃枝条柔弱,叶片圆整,从叶片及叶缘鱼骨状危害状寻找虫源,会发现大灰象虫、二带遮眼象两种象甲危害,受惊后即跌落地面装死,近地面叶片及叶缘被啃食严重,叶片缺刻残破不等(图2-280),严重影响景观。

图 2-280　大灰象虫危害状

三十四、竹（Bambusoideae）

我国盛产各类竹,竹文化浓厚,各种竹的取名都浓缩着美好寓意,多源于竹的生长特点或与人类生活息息相关,比如慈孝竹、刚竹、凤尾竹、佛肚竹、金镶玉竹等。在园林绿地中使用普遍,对于其植保方面,人们往往较少关注。

● **竹茎扁蚜**[*Pseudoregma bambusicola*(Takahashi)]/**竹色蚜**[*Melanaphis bambusae*(Fullaway)]

园林绿地中使用的竹子种类多,竹茎扁蚜主要危害慈孝竹、凤尾竹等合轴丛生竹,新笋、嫩竹上密布,能诱发严重煤污(图 2-281)。竹色蚜在刚竹、早园竹等散生竹叶片背面、新笋危害,叶面布满蜜露(图 2-282)。

图 2-281　竹茎扁蚜危害慈孝竹

图 2-282　竹色蚜危害早园竹

- **竹织叶野螟**[*Algedonia coclesalis*(Walker)]

竹织叶野螟在慈孝竹上常见危害,幼虫顶芽缀叶而在其内危害(图2-283)。

图 2-283　竹织叶野螟幼虫及危害状

- **刚竹丛枝病**[*Balansia take*(Miyake) Hara.]

刚竹属常发生竹丛枝病(图2-284),属于真菌性病害,应及时剪除丛枝,并加强防治。

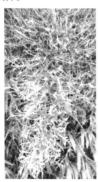

图 2-284　刚竹丛枝病

● 刺吸危害

竹叶受多种刺吸性害虫危害,受害叶面初期呈点状失绿泛白,短期内连成片,枯死部分呈锈色(图2-285),严重影响竹类生长及景观效果,摇晃竹竿后会有大量细小虫体跳跃或飞出,发现有叶蝉、螨、飞虱、木虱等数种虫害,危害隐蔽,且虫体极小(图2-286)。其中竹飞虱属害虫危害最重,常致竹顶梢成片枯死(图2-287)。竹林养护都是粗放管理,管理者很少针对竹林主动防治,为确保竹林景观效果,至少冬季应砍除老竹,以彻底清园,确保竹林疏密有致。

图 2-285　凤尾竹失绿

图 2-286　害虫细小

图 2-287　竹飞虱致竹顶梢成片枯死

三十五、苏铁(*Cycas revoluta*)

苏铁原产南方,姿态优美,苏锡常等地常用俗语"铁树开花"来表示稀罕。过去人们总习惯在单位大门两侧摆放两盆,随着审美习惯的变化,在城市绿地常可见苏铁身影。

● 曲纹紫灰蝶(*Chilades pandava*)

苏铁小叶刚硬有光泽,常常使人不愿靠近,病虫危害也少见,但曲纹紫灰蝶幼虫常将其新生叶啃食成碎纸状(图 2-288),极影响景观。

图 2-288　曲纹紫灰蝶幼虫、成虫及危害状

● 苏铁负泥虫(*Lilioceris consentanea*)

苏铁负泥虫是一种群集危害的害虫,危害苏铁新老叶,虫体常与苏铁叶片颜色一致,常见小叶残破(图 2-289),却不易发现虫体。

图 2-289　苏铁负泥虫危害状

● 黄肾圆盾蚧(*Aonidiella citrina*)

苏铁小叶叶面常布满黄肾圆盾蚧,深受其危害,以致光亮革质的苏铁叶片

黯淡无光(图2-290)。

图 2-290　黄肾圆盾蚧危害状

三十六、葱莲(*Zephyranthes candida*)

葱莲,即葱兰,植株低矮,夏秋开白色花,多被成片大面积种植,整齐壮观。葱兰地下鳞茎繁殖能力强,在园林绿化中被戏称"养不死的葱莲",因此道路绿化中最常见是用于隔离带镶边。但葱莲受一虫一病危害严重,常导致景观严重受损。这一虫一病分别是葱莲夜蛾、葱莲炭疽病。

● 葱莲夜蛾(*Laphygma* sp.)

葱莲夜蛾主要危害葱兰,一般严重危害从花期开始,1 年 5 ~ 6 代,近年危害最晚延至 12 月中下旬,其对葱莲的危害主要是暴食叶片(图2-291)。

图 2-291　葱莲夜蛾卵、幼虫危害状

● 葱莲炭疽病(*Colletotrichum dematium*)

土壤瘠薄且多年不翻种的葱莲地块最易发生此病害,往往表现为葱莲叶片发红、枯萎(图2-292)。若处置此病危害不及时,葱兰往往生长不整齐,开花参差不齐。病情严重的地块必须翻耕土壤消毒,增施有机肥以改良土壤,每年4月喷洒保护性杀菌剂进行防护。

图 2-292 葱莲炭疽病

三十七、草坪(高羊茅、狗牙根)

城市绿地常设计大面积草坪,其中使用最多的草坪草品种是高羊茅及狗牙根,这两者分别属于冷季型草和暖季型草,养护要求精细。在苏南地区气候条件下,这两种草坪草很少表现出其应有的景观效果,受多种有害生物危害是重要原因,有科研人员统计,在高羊茅草坪上生存的仅昆虫种类就达70种左右。

● 淡剑袭夜蛾(*Sidemia depravata* Butler)

淡剑袭夜蛾是暴食危害的害虫,苏州地区1年5~6代,第一代在5月中下旬至6月开始实施危害,危害不是特别明显。从8月中旬开始,因世代重叠,不同区域常发生暴食危害现象,幼虫大量啃食草坪导致草茎叶折断,产生大量草屑,常使草坪枯黄一片(图2-293)。淡剑袭夜蛾实施暴食危害时,并不啃食草坪内禾本科杂草及其他阔叶杂草,低维护水平的草坪经过淡剑袭夜蛾暴食过后,形成一块块斑秃,极度影响景观。淡剑袭夜蛾幼虫夜间取食,白天躲藏在植株

图 2-293 淡剑袭夜蛾严重危害

根部或浅土中,其低龄幼虫食量不大。这也常常是对淡剑袭夜蛾虫害观测容易疏忽、防治容易滞后的根本原因。

● **跳盲蝽**(*Halticus* sp.)

跳盲蝽刺吸危害高羊茅叶面,具体种不确定,体长 3～5 mm,通体黑色,后背有白色小点,跳跃能力非常强,群集危害导致叶面失绿泛白(图2-294)。跳盲蝽在草坪内其他禾本科植物如荩草、马唐、牛筋草上也有发现,但未见明显危害状。苏州地区高羊茅适应性一般,梅雨后即将进入休眠,此阶段跳盲蝽危害不仅严重影响草坪景观效果,对高羊茅安全度夏及生长影响更大。

图2-294　跳盲蝽群集危害高羊茅

● **病害**

苏州地区梅雨季前温度高、湿度大,加上草坪地块往往排水不畅、土壤板结不透气、枯草层过厚,以及频繁修剪形成的伤口多等原因,草坪草发生病害较普遍,其病害主要有以下几种:①锈病(*Puccinia* sp. / *Uromyces* sp.)(图2-295)。草坪锈病发病严重时,叶片布满红色锈点,常成片发病,尤其在草坪地势低洼处爆发较重。②草坪褐斑病(*Rhizoctonia solani*)(图2-296)。病害易导致草坪草枯死,发病初期草坪上显现大小不等的黑圈,最后连成片,使草坪大面积枯死。③ 草坪黏菌病(*Mucilago crustacea*)(图2-297)。草坪黏菌病在梅雨前易发,在草坪上形成一丛丛面积不大的黑灰色区域,草的叶面密生子实体,排列规则整齐。此病危害症状严重,但不会导致草坪死亡。草坪病害较多,大多属真菌性病害,在修剪工作结束后,尤其在雨季来临之际,应该将受病害的草清理彻底后全面喷洒保护性杀菌剂。

图2-295　草坪锈病

图2-296　草坪褐斑病

图 2-297　草坪黏菌病

● 其他危害

　　春夏之间及秋后走入草坪地块,都会有大量昆虫或飞或跳,或大或小,种类众多,数量庞大。这些昆虫主要有草地螟、短额负蝗、蝗虫、蚜虫、叶蝉、沫蝉、飞虱、跳蟓等,草坪草叶面上呈现出缺刻、孔洞、失绿、斑块、叶尖枯萎等现象(图2-298),人们对此大部分不采取防治措施,而草坪似乎仍然具有景观效果,这是城市绿地中草坪退化杂化以致最终荒芜的很重要的一个原因。

图 2-298　百慕大草坪(狗牙根)受刺吸危害致叶尖枯死

三十八、莲(*Nelumbo nucifera*)

莲,也即荷花,寓意高洁,莲花、莲蓬、莲藕也都有佛文化象征,尤其在姑苏,赏荷食藕自古以来就与人们的生活息息相关,园林离不开水,有水往往就有莲。莲叶光洁,水滴凝成珠从叶面滑落,因此叶面发生病虫害,极难采取化学防治,而且用药会污染水体。

● 莲缢管蚜(*Rhopalosiphum nymphaeae*)

早春新芽出水后蚜虫危害严重(图2-299)。

图2-299　莲缢管蚜危害状

● 斜纹夜蛾[*Prodenia litura*(Fabricius)]

斜纹夜蛾危害多种植物,在莲叶上其低龄幼虫常群集啃食,并分散向四周啃食(图2-300)。

图 2-300　斜纹夜蛾危害状

- **梨剑纹夜蛾**(*Acronycta rumicis*)

莲梨剑纹夜蛾危害莲叶,其危害属暴食危害(图 2-301)。

图 2-301　梨剑纹夜蛾危害状

- **金龟子**

金龟子危害莲叶时,常啃食形成千疮百孔残破不堪的叶面(图 2-302),并且莲叶立叶光滑,在水中随风摆动,白天看不见金龟子虫体,极难防治。夏秋蝗虫类发生量大时,危害状近似。

图 2-302　金龟子危害状

三十九、麦冬

　　麦冬叶片柔软似兰花,且因其具有良好的耐阴性,无论在过去的古典园林,还是在如今的城市绿地,麦冬均使用广泛。此处麦冬是一个统称,其种类很多,叶型宽窄、长短、软硬不等,果实蓝黑不同,因难以区分,故受践踏或病虫危害后,补种非常杂乱。常用麦冬主要来自山麦冬属下山麦冬、阔叶山麦冬(金边)、矮小山麦冬,以及来自沿阶草属下麦冬、沿阶草、玉龙草等,林带荫地常用山麦冬、沿阶草、麦冬。

● 蛴螬

　　麦冬为肉质根系,并会形成小块根,为金龟子幼虫蛴螬提供丰富良好的生存食材。一旦温度适宜,蛴螬即在根部啃食危害。初期麦冬呈一簇一簇枯死,严重危害时成片枯死,无须用力,随便一拎即可将山麦冬拔出,常可见蛴螬虫体(图2-303)。

图2-303　麦冬受蛴螬危害状

● 炭疽病(*Colletotrichum* sp.)

　　部分麦冬易感炭疽病,严重时病叶枯死(图2-304),因麦冬对生境要求并不高,养护管理人员常常疏于防治。

图2-304　麦冬炭疽病危害状

● **大灰象虫**（*Sympiezomias velatus*）

　　麦冬叶片呈线形下垂,常发生叶缘两侧不同程度缺刻,尤其是金边阔叶山麦冬受害后景观受影响最大,较少发现虫源。大灰象虫常静悄悄沿叶缘啃食（图2-305）,稍有异动即跌落地面。

图 2-305　大灰象虫危害状

四十、红花酢浆草（*Oxalis corymbosa*）

　　红花酢浆草是普遍使用的宿根地被,性状优良,植株低矮、致密、整齐,能耐荫,茎叶柔软,开满红色小花,在苏州地区立地条件好的情况下,其得到精细养护后能全年有花。红花酢浆草在夏季高温期内有短暂休眠习性,但叶片全无却是因粗放管理下两种虫害危害及“跳根”所引起的。

● **酢浆草岩螨**（*Petrobia harti*）

　　红花酢浆草岩螨是酢浆草最严重的危害,从5月上中旬即开始,危害酢浆草属植物,短时间内即引起茎叶枯败、倒伏、死亡（图2-306）。

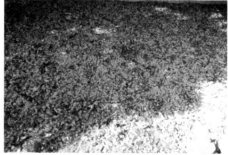

图 2-306　酢浆草岩螨危害状

● 酢浆灰蝶（*Pseudozizeeria maha*）

酢浆灰蝶幼虫危害酢浆草属植物，成虫全年可见（图 2-307），是平地最小蝶类，飞行能力强，白天很少见到能安静停下来的，夜间停栖在低矮植物上，数量多。酢浆草是随处可见的杂草，因此酢浆灰蝶食源广，卵散产于叶面（图 2-308），幼虫很小（图 2-309），仔细翻找也难觅其踪影。

图 2-307　酢浆灰蝶成虫

图 2-308　酢浆灰蝶卵

图 2-309　酢浆灰蝶幼虫

● 跳根

红花酢浆草叶基生而无地上茎，其扩繁一般靠鳞茎，因不断分蘖将鳞茎推上地面（图 2-310），粗放管理下不定期翻种，导致植株生长不良。

图 2-310　红花酢浆草跳根

四十一、其他常见植物危害情况

- **国槐尺蛾**[*Semiothisa cmerearia* (Bremer et Grey)]

　　暴食危害是国槐尺蛾的主要特性,它们会在短时间内将植物叶片取食殆尽(图2-311),无食可取时,挂丝下垂,从而使树干及周边灌木丛中、建筑物上爬满幼虫(图2-312)。

图 2-311　国槐尺蛾严重危害状

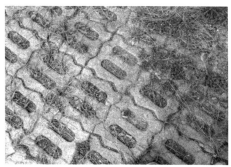

图 2-312　地上虫粪

- **紫荆角斑病**(*Cercospora chionea Ell*. et Ev/ *Cercospora cercidicola* Ell.)

　　紫荆角斑病危害普遍,在夏秋时发病严重(图2-313),人们往往忽视对这种病的防治,导致紫荆提前落叶。

图 2-313　紫荆角斑病危害状

- **蚊母树杭州新胸蚜**(Neothoracaphis hangzhouenisi Zhang)

　　蚊母树病虫危害少,早春最严重的就是杭州新胸蚜危害,虽1年1次,但危害程度较重,无须用文字描述,从图片即可知其对植物的伤害及对景观的影响。杭州新胸蚜很诡异,新芽萌发时即危害(图2-314),沿叶脉有序形成虫瘿(图2-315),在其内繁殖,虫瘿渐渐膨大,表面呈鲜艳红色(图2-316)。其内蚜虫最初为杏黄色无翅蚜,陆续转变为粉红色无翅蚜、粉红色有翅蚜、黄色有翅蚜、黑色

有翅蚜,在5月上中旬很快会从叶背虫瘿内破壁而出(图2-317),科学家只知道它在开春新叶萌发时如期危害,但至今尚未发现它出来后去哪了,因此其防治时机也就是新叶刚萌发时的短短几天,一旦错过就难以补救。一般来讲,蚊母树杭州新胸蚜的防治工作预示着全年植保防治工作开始繁忙起来。

图2-314　新梢展叶即危害

图2-315　危害初期

图2-316　瘿瘤颜色鲜艳

图2-317　蚜虫从叶背虫瘿内破壁而出

- **蚊母树红带网纹蓟马**

蚊母树叶片受蓟马锉吸危害,导致叶面卷曲(图2-318)。

图 2-318　红带网纹蓟马危害状

- **枇杷黄毛虫**(*Melanographia flexilineata* Hampson)

枇杷黄毛虫主要通过取食嫩叶对枇杷实施危害,虫害严重时也啃食老叶,幼虫易识别(图 2-319)。

图 2-319　枇杷黄毛虫危害状

- **桃缩叶病**[*Taphrina deformans*(Berk.)Tul]

桃病虫危害实在多,此处简单介绍桃缩叶病。桃缩叶病危害严重时,常导致整株叶片高度皱缩扭曲,并引起大量落叶(图 2-320)。

图 2-320　桃缩叶病

- **桧柏-梨锈病**（*Gynmosporangium asiaticum* Miyabe ex Yamada）

　　桧柏-梨锈病是梨及木瓜海棠、贴梗海棠等木瓜属植物重要病害,是一种转寄主的病害,离桧柏越近,发病越重。惊蛰后雨水增多,桧柏上冬孢子角吸水膨大(图2-321),转主危害木瓜、梨等植物果叶。危害初期叶面呈针尖状黄色斑块(图2-322),即使及时控制,叶面也会留下黑色僵斑块,严重危害时果、叶、叶柄等凡是绿色的部分均布满毛刺(图2-323),极其恶心。

图2-321　梨锈病冬孢子角

图2-322　叶部危害状

图2-323　果实危害状

- **侧柏毒蛾**[*Parocneria furva*(Leech)]

　　侧柏毒蛾是一种常见的暴食危害侧柏的虫害(图2-324),在常短时间内将侧柏枝叶取食殆尽(图2-325)。

图2-324　侧柏毒蛾幼虫

图2-325　侧柏毒蛾成虫

- **芍药轮斑病**（*Cereospora paeoniae* Tehon et Dan）

　　芍药轮斑病主要危害芍药,常引起叶片在梅雨后枯败(图2-326)。

图 2-326　芍药轮斑病

● **诸葛菜-短额负蝗**(*Atractomorpha sinensis* Bolivar)

　　诸葛菜(二月兰)因能耐荫,目前在林带绿地又开始火起来。十字花科植物常见虫害短额负蝗(图 2-327)、黄尖襟粉蝶(图 2-328)、黄曲条跳甲(图 2-329)、大灰象虫(图 2-330)、菜青虫(图 2-331)、小菜蛾(图 2-332)等同样严重危害诸葛菜。诸葛菜在绿地中能自播繁殖,在 9—11 月苗期内受危害严重,影响翌年开花。短额负蝗对草本植物危害严重,对一些叶片肥厚的木本植物危害也较明显。

图 2-327　短额负蝗　　　　　　　　　图 2-328　黄尖襟粉蝶

图 2-329　黄曲条跳甲　　　　　　　　图 2-330　大灰象虫

图 2-331　菜青虫　　　　　　　图 2-332　小菜蛾

● **诸葛菜炭疽病**

诸葛菜与油菜生长期相同,病害也大致相同,早春过密生长的诸葛菜叶面常受炭疽病危害(图 2-333),严重影响景观。

图 2-333　诸葛菜炭疽病

● **八角金盘疮痂病**[*Colletorichum gloeosporioides*(Penz.) Sacc]

八角金盘疮痂病危害叶面,常布满绿豆大小瘪塘、斑点,并引起嫩叶卷曲变形(图 2-334)。

图 2-334　八角金盘疮痂病危害状

- **啮虫**

多种植物叶面、叶背上有蚕豆大小网状物,紧贴叶面、叶背,网内有啮虫 1 至多头(图 2-335—图 2-339),极小,在网内蛰伏不动,出网后爬行异常迅速。此虫杂食,未见对植物明显危害,但有时一张叶片上有十多张网,影响景观。

图 2-335　金桂叶面

图 2-336　无患子叶面

图 2-337　女贞叶背

图 2-338 竹叶

图 2-339 酸橙叶面

四十二、几种需特别关注的有害生物

● 天牛

传说天上的牛是太上老君的坐骑,从天牛的冠名即可见此昆虫的威力,同时也暗示人类对其造成的危害常常是束手无策。天牛的种类很多,受其危害的园林植物种类也多,其常常是植物致死的原因。传统园艺上采取措施都是钩杀幼虫、诱捕成虫,但这都是过去在树少人多的情况下采取的措施。现今科研工作从多渠道深入,采用管氏肿腿蜂以虫治虫在林业生产中已被广泛使用,以达到控制天牛种群的目的,但在城市绿地究竟有多大功效尚无科学数据。微胶囊、渗透剂从防治机理上都很可靠,但材料、人工成本过高,普遍推广难度大。天牛幼虫危害隐蔽难发现,成虫期长、产卵多,并且大部分种类白天并不特别活跃,寄主植物广泛。在采取任何防治措施前,首先需要弄清楚天牛在某一寄主植物上产卵的主要区域——大部分在主分枝点以下至裸露根系;其次应关注树冠中下层枝条,成虫大多通过啃食树皮补充养分。苏州地区受天牛危害严重的植物主要有红枫、合欢、垂柳、无患子、樱花、桃等。以下为苏州地区常见天牛种类(图2-340—图2-347):

图2-340　云斑白条天牛

图2-341　中华薄翅锯天牛

图2-342　星天牛

图2-343　桑粒肩天牛

图2-344　桃红颈天牛

图2-345　合欢双条天牛

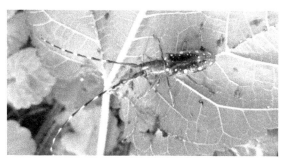

图2-346　桑黄星天牛

图2-347　楝星天牛

- **袋蛾**

袋蛾对园林植物的危害以往并不突出,人们对其关注少,最近几年发现危害渐趋严重、寄主广泛。袋蛾常见危害种类有小袋蛾、茶袋蛾、白囊袋蛾、大袋蛾,其中以小袋蛾危害最为严重,植物整株叶片被取食光的现象均是由小袋蛾造成。鳞翅目幼虫防治措施多样,防治失败主要原因是袋蛾有厚厚的护囊,大多在叶背,施药作业马虎所致。此处主要介绍其寄主植物。

受袋蛾危害程度严重的植物有:香樟、悬铃木、水杉、珊瑚树、雪松、桃树、重阳木、桂花树、紫薇、火棘、红花檵木、侧柏、红叶石楠等。

受袋蛾危害程度一般的植物有:银杏树、杜英树、垂柳、合欢树、朴树、榉树、枇杷树、杨梅、紫叶李、樱花、女贞、郁李、紫荆、柿树、栾树、黑荆等。

- **蚧壳虫**

密林种植是城市绿地的一个特点,这就人为创造了特别适宜蚧壳虫类生活的环境。蚧壳虫种类多,危害重,不仅容易诱发煤污导致景观受损,尤其是其密集刺吸危害导致树势衰弱、生长不良。蚧壳虫防治困难的主要原因从"蚧壳"可见一斑,蚧壳虫从卵孵化若虫至体表覆盖一层蜡质所用的时间较短,所以园艺工作者抓住其防治时机并不容易,通过药剂触杀防治效果一般,尤其是高大乔木。近几年推广药剂灌根处理,虽然材料、人工成本均不低,但效果显著,实验数据表明通过植物根茎部药剂刷涂处理有较好的防治效果。受蚧壳虫危害严重的植物主要有香樟、广玉兰、女贞、冬青、雪松、火棘、枸骨等。

- **地下害虫**

地下害虫以危害植物根系为主,园林养护中园艺工作者比较关注蛴螬,主要原因是,植物生长高峰期,也是蛴螬啃食根系的活跃期,这种危害短时间内造成植物根系丧失吸收功能,植株失水萎蔫死亡。因危害性大,其幼虫态有资格单独取名。实际上地下害虫种类繁多,大部分情况下植物的地上部分不会直观反映地下根系的危害程度,地下环境复杂不可视,植物衰弱除非死亡,人们一般较少从地下害虫的角度去分析,即便检视土壤,除了蛴螬以外,其他大部分很难发现。因此,当植物地上部分一侧或局部枝条失水萎蔫,尤其发生在植物生长旺盛阶段,排除地上部分枝、干、叶受害的原因后,地下存在害虫的可能性是比较大的。有效控制地下害虫种群数量,地上、地下同时抓才能更有效,比如黑蚱蝉在地下刺吸危害时间漫长,成虫七八月在枝条上产卵,会导致大量枝条枯死断折,此时,捕杀黑蚱蝉成虫要比捕杀金龟子容易得多。

● **病害**

　　城市绿地植物病害的防治工作,普遍处于较低水平。常见植物病害有金叶女贞叶斑病、月季黑斑病、蔷薇科植物穿孔病、紫薇白粉病等几种,每年这几种病害均比较严重,其防治技术都已经经过论证,完全可以预防、可以控制,但基本上还是普遍发生。其形成原因除了对病害"防大于治"理念的缺失之外,主要在于现场管理防治工作未完全落实,人们存在侥幸心理,因麻痹大意而疏于防治。至于园林植物上的其他病害,由于存在园艺工作者对之不熟悉、反应慢、无措施等诸多现实问题,所以其防治工作大部分处于听之任之的状态。

第三章　园林绿地中常见杂草的识别

园林养护中一般可以将养护目标植物以外的草本植物均称作杂草。在城市化快速推进的过程中,绿地中杂草丛生的现象是随处可见的,显然,杂草问题不是个简单的问题。杂草最主要的特点就在于"杂",其种类和数量庞大,来源于不同科属,分类方法多,有按生长环境分的,有按防除针对性分的,有按生长习性分的,有按繁殖方式分的,一切的人为分类,目标都是为了寻找规律以求便捷去除杂草。杂草控制是一门很复杂的学问,首先要认识杂草,其次要了解杂草的生物学特性,才能寻找到合适的手段高效解决问题。本章简单分析杂草的特点,并简单介绍常见杂草。

一、杂草存在的特点

1. 生长空间

杂草生命力强,竞争能力强,一旦生长环境符合其生长发育,杂草就会迅速扩繁。在其所有生长条件中,空间是第一位的,有句俗话说:"若想杂草少,就要少翻土。"土壤中含有大量杂草种子,均有其特殊的发芽机制保护。长势正常、株体健康的目标植物,给杂草留下的生长空间很有限,从种子发芽开始,杂草就需要在目标植物的生长空间内竞争光照、水分、养分,一旦这些条件满足杂草正常生长发育的需要,杂草生长会迅速超过目标植物,挤占目标植物的生长空间。这个特点表明控制杂草的关键在于将目标植物养护好。

2. 发生时间

杂草种类多,苏州地区绿地中常见并明显危害的种类超过100种。多数情况下一种植物在某地区完成生命周期是相对稳定的,但气候变化加上生境不同,植物也会发生变化,很多一年生植物已能安全越冬,一些二年生植物越冬前就完成开花结籽。杂草种子一般都具有精巧的发芽机制,不具备条件,其种子大部分时间能处于休眠状态。区别于《植物志》对植物生活史"一年或二年生"

"一年生""多年生"的分类,笔者从养护管理的角度,根据杂草多数情况下的发生特点,将其分为越冬草、当年草、多年草。越冬草9月下旬—11月上中旬渐次发芽,以幼苗越冬,翌年3—4月温度上升雨水充沛时开始快速生长,5—6月开花结实,完成生命周期。此类杂草以阔叶为多数,根系发达,植株高大。当年草除在高温阶段发芽受到抑制之外,随早春温度上升之后,全年都有发芽,一般产生大量种子,能随熟随落多次发生,即便不能完成生命周期,到冬季也整株枯死。多年草在冬天其地上部分大多枯死,地下部分休眠,翌年随温度上升重新萌芽,正常生长,其特点是除了通过地下根系扩繁之外,种子扩繁能力也很强。熟悉常规杂草的季节性发生特点,是把握杂草防除过程中"除早除小除了"原则的关键。

3. 混杂存在

杂草与目标植物相伴生长,除了几种恶性杂草之外,很少会有单独一种杂草存在,往往同一空间、同一时间内几种甚至几十种杂草混生,单靠人工清除显然已是不切实际。针对农作物、经济作物的杂草控制手段多样,研发出的选择性除草剂种类很多,在园林中,除了灭生性除草技术广泛使用熟练掌握外,其他选择性杂草控制技术大面积推广的成功案例还是很少。乱用、滥用或盲目使用灭生性除草剂,产生的除草乱象及造成的植物伤害普遍存在。

二、几种常见恶性杂草

具备"当选"为恶性杂草条件的杂草种类很多,它们涉及的科属广泛,大多具有总量大、繁殖快、难根除的特点。以下简单介绍一些常见恶性杂草。

● 早熟禾

早熟禾(图3-1),禾本科越冬草,在同是禾本科的草坪内最常见,均匀混杂,尤其在地势低洼、土壤含水量高的地块发生量大,对草坪草的正常生长影响大。在秋冬季种子萌发时,其苗弱小低矮,在翌年春温度上升雨水增多时,其往往比草坪草返青更早、恢复生长更快,4—5月开始进入开花结籽期,种子量大,在完成生命周期后逐渐枯黄。

图 3-1　早熟禾

● 球序卷耳

　　球序卷耳(图 3-2),石竹科越冬阔叶杂草,零星散落生长时一般植株较大,而常见均矮小。在草坪内越冬前,植株低矮、直立、密集、瘦弱,至翌年春恢复生长前均不突出显眼,随着温度上升,迅速生长并开花结籽,5—6 月逐渐正常枯死。

图 3-2　球序卷耳

● 婆婆纳

　　婆婆纳(图 3-3)、直立婆婆纳(图 3-4)、阿拉伯婆婆纳(波斯婆婆纳)(图 3-5)、常春藤婆婆纳(图 3-6)是最常见的四种婆婆纳属杂草,习惯上统称为婆婆纳。婆婆纳和阿拉伯婆婆纳苗期相近,成株婆婆纳开紫色小花,阿拉伯婆婆纳因叶型肥厚漂亮、植株丰满,且春天开满蓝色小花而被人们喜爱。四种婆婆纳在苏州地区常见,并且危害严重,在草坪、常绿灌木色块内,婆婆纳、直立婆婆纳、阿拉伯婆婆纳(波斯婆婆纳)常密集生长,植株瘦弱低矮,翌春温度上升恢复生长时迅速拔高,开花结籽完成一个生命周期,严重影响草坪草的返青生长。在空地及落叶灌木处,婆婆纳和阿拉伯婆婆纳、常春藤婆婆纳常长成较大植株,尤其是阿拉伯婆婆纳,此种婆婆纳多年生,根系发达,匍匐成片,侵占性强。

图 3-3 婆婆纳   图 3-4 直立婆婆纳

图 3-5 阿拉伯婆婆纳   图 3-6 常春藤婆婆纳

● 马唐

马唐(图 3-7),禾本科当年生杂草,还有紫马唐、升马唐、止血马唐等多种,种间不易区分。与草坪草比较,马唐叶片薄且软、叶色淡。从发生时间上看,多集中在江南梅雨季,故人们习惯上称之为"黄梅草"。在低维护水平的草坪上,常密集整齐发生,由于温度适宜,雨水充沛,加上此阶段草坪草受病虫危害影响,故马唐侵害草坪,会迅速形成草荒。

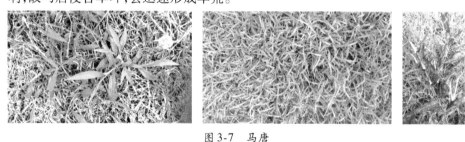

图 3-7 马唐

● 香附子

香附子(图 3-8),莎草科多年生杂草,通过地下鳞茎和种子快速扩繁,叶片柔软、革质、浓绿、发亮,一般化学除草方式难以根除。由于繁殖能力强,园林管理者常束手无策,便只好顺势而为。香附子无病虫危害并抗旱,常迅速侵占形成纯香附子草坪,普通市民会误认为草坪浓绿、整齐,养护水平高。随着气温降低,香附子地上部分会逐渐枯黄死去。在这个阶段,经常有市民投诉,他们为好好的草坪又被翻耕而深感惋惜。

图 3-8　香附子

● 北美车前

北美车前(图 3-9),车前科越冬草,植株低矮,属入侵植物,对本地植被的危害已引起广泛关注。北美车前在城市绿地中常以密集生长的状态出现,冬季植株弱小,完全贴地生长,气温低时叶片发红,翌春气温升高后,植株迅速扩展生长,在 5 月中旬开花结籽。北美车前在密集生长状态下,植株低矮瘦弱,一般只抽一支高度仅为 3~5 cm 的花葶,而旺盛生长的完整植株抽 5~8 根花葶,高度达 30 cm,两者会被误认为是不同植物。有文献记载,不同生长状态下的植株所产种子具有同等生命力,由此可见,不能小瞧瘦弱植株的扩繁能力,唯一减少扩繁的方法是尽量不让其形成种子。

图 3-9　北美车前

● 乌蔹莓

乌蔹莓(图 3-10),葡萄科多年生大型缠绕藤本,草质,有卷须,叶形奇特,呈鸟足状,花小,花序大,浆果为黑色近球形,叶、花、果均具观赏性,按性状有资格评选为优良园林植物,但因其无处不在、侵占性强而只能沦为杂草。早春乌蔹莓在灌丛周边悄无声息地爬上灌丛面层,在长势旺盛时能将灌丛全覆盖,影响目标植物的正常生长。乌蔹莓病虫危害少,但乌蔹莓鹿蛾啃食危害状常常惨不忍睹。

图 3-10　乌蔹莓

● **地锦草(地锦草、千根草、斑地锦)**

此处地锦草是对地锦草(图 3-11)、千根草(图 3-12)、斑地锦(图 3-13)三种大戟属当年生阔叶杂草的统称,它们的特征、习性均非常接近,常混杂生长,植株低矮,匍匐贴地生长,尤其当梅雨季过后长期高温干旱时,地锦草快速生长、迅速侵占,成为草坪的主角。极端高温天气下其在沥青路面都能生长。在草坪中其不仅能挤占草坪草,还具备挤占其他杂草生长空间的能力。

图 3-11　地锦草　　　　　　　　　　图 3-12　千根草

图 3-13　斑地锦

● 白茅

白茅(图3-14),禾本科多年生杂草,植株低矮,但地下根系发达,入土极深,一般内吸传导的除草剂很难根除,密集生长导致土壤板结,导致其他植物死亡,大面积发生后,在六七月花期内其可比肩观赏草。冬季枯黄,开春即发,特性最符合"一岁一枯荣,春风吹又生"的描述。

图3-14 白茅

● 葫芦藓

葫芦藓(图3-15)是低等植物,靠孢子繁殖。在园林养护中人们较少关注绿地中的苔藓,往往在春天4月前后,当绿地一片火红时,人们才体会到葫芦藓的侵占能力。葫芦藓的存在表明,其生长下方的土壤板结、不透气,土壤理化性质不利于地被植物生长。

图3-15 葫芦藓

● 马蹄金

马蹄金(图3-16)茎叶柔软、低矮、匍匐、致密,曾经有过很风光的过去,一直被设计使用成纯草坪,但不耐践踏、病虫害多等原因致使此设计难有效果而迅速被弃用。目前无论是百慕大还是高羊茅草坪,混杂其内的马蹄金往往生长旺盛,并且能迅速成坪,极难根除,已成公认的恶性杂草。

图 3-16 马蹄金

- **紫花地丁**

菫(jǐn)菜科植物大多开花异常漂亮,紫花地丁(图 3-17)就是这种植物,并且往往会在不经意间成为群落中的优势种,常丛生成片,对草坪草迅速形成侵占,可以将其列为最具观赏性的恶性杂草。

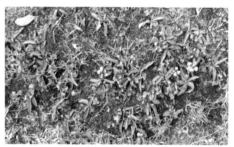

图 3-17 紫花地丁

三、其他常见部分杂草

杂草种类多,以下通过简短文字介绍部分常见杂草,帮助大家认识杂草、了解杂草。

- **一年蓬**

一年蓬(图 3-18),整个上半年都能看到这种杂草那漂亮的花儿,与之特征相似的还有春飞蓬,植株在营养生长阶段都是贴地生长,生殖生长阶段植株能高达 1 m,招蜂引蝶很具观赏性,有时会被误认为是栽培植物。

图 3-18　一年蓬

● 苦苣(jù)菜

苦苣菜(图 3-19),大型杂草,越冬态低矮贴地,叶缘具刺,看似刚硬,实际上为草质。春雨过后,在灌丛中能达 1.5 m 高。

图 3-19　苦苣菜

● 黄鹌菜

黄鹌菜(图 3-20)是黄鹌菜属一些植物的统称,基本全年都有,形态各异,越冬态贴地生长,叶色呈土黄色,春天进入生殖生长阶段,植株为中型大小,达 60 cm,其他季节植株大多低矮瘦小。

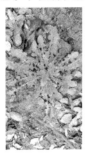

图 3-20　黄鹌菜

- **泥胡菜**

泥胡菜（图3-21），越冬状低矮，叶背呈白色，苏州地区青团传统制作工艺一般采野燕麦、泥胡菜等植物洗净、捣烂，加石灰和水沉淀取上部清澈的液汁来和面，由此做成的青团色泽自然。

图 3-21　泥胡菜

- **拟鼠麴(qū)草**

拟鼠麴草（图3-22），俗称"棉茧"，叶面有白色柔毛，早春开黄色花。

图 3-22　拟鼠麴草

- **刺儿菜**

刺儿菜（图3-23），也称"小蓟"(jì)、"大蓟"，随处零星可见，早春在灌丛中能长成大型植株，花、果漂亮。

图 3-23　刺儿菜

● **稻槎(chá)菜**

稻槎菜(图 3-24),俗称"四荠",为低矮匍匐生长的越冬杂草,花茎向四周辐射开放。

图 3-24　稻槎菜

● **看麦娘**

看麦娘(图 3-25),麦田杂草,在绿地中常见,与其相近植物还有日本看麦娘,两者区别在于后者的花药白色。

图 3-25　看麦娘

- **鼠茅**

鼠茅(图3-26),在草坪中多发,植株直立,茎叶柔软。

图 3-26 鼠茅

- **野老鹳(guàn)草**

野老鹳草(图3-27),越冬植株贴地生长,在落叶灌丛周边常见,花期基本同麦熟。

图 3-27 野老鹳草

- **泽漆**

泽漆(图3-28),常被称为"五朵云",茎叶折断后可见白色乳汁。

图 3-28 泽漆

- **泽珍珠菜**

泽珍珠菜(图3-29),在水旱交界处常呈带状生长,早春时其白色总状花序顶生,散生也成中型植株。

图3-29　泽珍珠菜

- **荔枝草**

荔枝草(图3-30),俗称"蟾蜍草",叶面凹凸不平,为随处生长的越冬杂草。

图3-30　荔枝草

- **蔊(hàn)菜**

蔊菜属植物(图3-31),常见越冬草,一般在落叶灌木丛或空地生长。

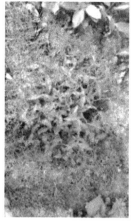

图 3-31 繁菜

- **臭独行菜**

臭独行菜(图 3-32),常见越冬杂草,常密集生长,植株呈中大型,叶片经搓揉后散发奇特清香味。

图 3-32 臭独行菜

- **荠(jì)**

荠(图 3-33),即荠菜,冬季鲜美的野菜,常密集生长,植株过小则无人摘挑。

图 3-33 荠

- **碎米荠**

碎米荠及邻近相似种较多(图 3-34),散生。

图 3-34　碎米荠

- **附地菜**

附地菜(图 3-35),为植株低矮的越冬草,花小,蓝紫色。

图 3-35　附地菜

- **盾果草**

盾果草(图 3-36),蓝紫色小花与附地菜极相似。

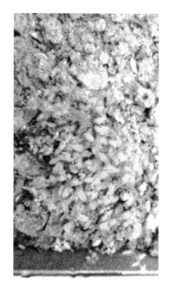

图 3-36　盾果草

- **繁缕(lǚ)**

　　繁缕(图 3-37),常见可食杂草,茎叶柔软多汁,与其相近植物有鹅肠菜、无心菜。

图 3-37　繁缕

- **宝盖草**

　　宝盖草(图 3-38),常见越冬草,成片生长,花型漂亮,适合生长于光弱环境下,茎叶淡绿,蔓生。

图 3-38　宝盖草

● **猪殃殃**

猪殃殃(图 3-39)，为同属植物统称，麦田杂草，绿地中常见。零星生长，常贴地丛生，在落叶灌丛中茎纤弱细长，部分种类能铺满低矮灌丛。

图 3-39　猪殃殃

● **漆姑草**

漆姑草(图 3-40)，是绿地甚至人行道砖缝中最普遍的越冬杂草，植株小而低矮，甚少为人关注。

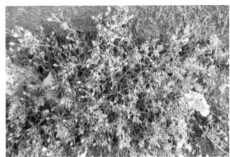

图 3-40　漆姑草

- **救荒野豌豆**

救荒野豌豆(图3-41)，俗称大巢菜，绿地中零星生长的越冬杂草，蔓生。看到它，苏锡常地区"70后"的农村孩子都能勾起童年回忆，儿时在春天蚕豆熟时，都会采摘救荒野豌豆荚果做口哨。

图 3-41　救荒野豌豆

- **车前**

车前(图3-42)，绿地中常见杂草。

图 3-42　车前

- **小蓬草**

小蓬草(图3-43)、香丝草(图3-44)、苏门白酒草等，与一年蓬同属飞蓬属植物，但它们形态丑陋，完全无法与一年蓬相比。幼苗期植株低矮，贴地生长，成株头状花序聚合成大型伞房状，茎生叶常枯死，长势旺盛的植株可达1.5 m以上甚至更高。

图 3-43　小蓬草

图 3-44　香丝草

- **鳢(lǐ)肠**

鳢肠(图 3-45),植株大型,高达 60 cm。

图 3-45　鳢肠

- **翅果菊**

翅果菊(图 3-46),常见大型杂草,亚灌木状。

图 3-46 翅果菊

● 虮(jǐ)子草

虮子草(图 3-47),禾本科千金子属植物,常见种类主要为虮子草、千金子,秆纤细,种子多而细小,"虮"是指附着在头发上虱的卵,箆(bì)梳都梳不干净,足见该常见杂草的繁殖能力。

图 3-47 虮(jǐ)子草

● 荩(jìn)草

荩草(图 3-48),绿地中常见低矮禾本科杂草,叶片宽大、短,花灰绿色或带紫色。

图 3-48 荩草

● 光头稗(bài)

光头稗(图 3-49),混生在禾本科草坪草内,侵占能力强,土壤肥力差时其植株低矮。

图 3-49　光头稗

- **长芒稗**

长芒稗(图 3-50),只要具有生长空间,一般植株较大,新建绿地中易发生。

图 3-50　长芒稗

- **硬草**

硬草(图 3-51),常见禾本科大型杂草。

图 3-51　硬草

- **牛筋草**

牛筋草(图 3-52),本地区常见杂草,根系发达,果穗大,秆粗,常被折来逗蟋蟀,俗称"蟋蟀草"。

图 3-52　牛筋草

- **狗尾草**

狗尾草(图3-53),小孩子都认识并喜欢的禾本科杂草,只要是空秃裸露的地方,往往就可能长出几棵。

图 3-53　狗尾草

- **大狗尾草**

大狗尾草(图3-54),等同于放大很多倍的狗尾草。

图 3-54　大狗尾草

- **金色狗尾草**

金色狗尾草(图 3-55),枝叶花茎刚硬,侵占能力强。

图 3-55　金色狗尾草

- **反枝苋**

反枝苋(图 3-56),以及常见凹头苋,新建绿地中最普遍的大型杂草,常长出灌丛。

图 3-56　反枝苋

- **通泉草**

通泉草(图 3-57),基本全年都能看到在开花,混生在草坪中生长不起眼,植株生长量很小,茎直立,密集,通常 3~5 叶就开小花。

图 3-57　通泉草

- **铁苋菜**

铁苋菜(图 3-58),夏秋常见杂草,分枝多,株型大。

图 3-58　铁苋菜

- **鸭跖(zhí) 草**

鸭跖草,植株低矮匍匐,其邻近植物有大叶鸭跖草等(图 3-59),开醒目蓝白色小花。

图 3-59　鸭跖草及大叶鸭跖草

- **马齿苋**

马齿苋(图 3-60),野菜,茎叶肉质肥厚,常见草花太阳花即大花马齿菜。不惧夏日阳光,耐旱,光照越充足,其长势越好。种子小。

图3-60　马齿苋

● 龙葵

龙葵(图3-61),苏州俗称"野辣虎",茄科植物。其同科植物马铃薯的发青部位,人食用后中毒,其毒素即"龙葵碱"。

图3-61　龙葵

● 藜(lí)

藜(图3-62),俗称"灰菜",嫩叶可食,叶片正反有白色粉末状。

图3-62　藜

● **苍耳**

　　苍耳(图 3-63),大型杂草,有农村生活经历的孩童大多熟悉,尤其在过去,利用果实上钩刺粘粘头发,是最作弄人的小把戏。

图 3-63　苍耳

● **苘(qǐng)麻**

　　苘麻(图 3-64),常见亚灌木状大型杂草,但在绿地中一般不至于长成,在空荒地块中异常显眼突兀,开黄花、果奇特,传统糕点常用其老熟果蘸红曲米点红。

图 3-64　苘麻

● **蒲公英**

　　蒲公英(图 3-65),著名中药或野菜,同属近似种较多,株型差异大,植株低矮,贴地生长,部分种混生在草坪中,不到花期不易发现其植株,均是由其瘦果聚合成球状而出名。

图 3-65　蒲公英

- **加拿大一枝黄花**

加拿大一枝黄花（图3-66），因鲜切花需求而引入栽培，属入侵植物，多年生，繁殖方式多样，在绿地中竞争能力强，灌丛中花序总能"脱颖而出"，有时能长到超过2 m高。

图3-66　加拿大一枝黄花

- **喜旱莲子草**

喜旱莲子草（图3-67），即人们熟知的"水花生"，外来物种，生长环境不限，可水生、湿生、旱生，不同环境下植株根系结构不同，旱生条件下根系深达1 m，肉质，小气候环境好时其地上部分能越冬，因此极难根除。

图3-67　喜旱莲子草

- **牛膝**

牛膝（图3-68），其近似种"土牛膝"叶片有毛（图3-69），两者均是多年生大型杂草，生长旺盛根系深，难以根除。

图 3-68　牛膝

图 3-69　土牛膝

- **雀稗**

雀稗(图 3-70),植株长成一<u>丛丛</u>,根系壮。

图 3-70　雀稗

- **母草**

母草(图 3-71),常见低矮匍匐生长杂草。

图 3-71　母草

- **天胡荽(suī)**

天胡荽(图 3-72),匍匐贴地生长,茎叶柔嫩,全年生长,适应多种环境,随处可见,除精细草坪外,人们较少会主动去清除,因此常常悄无声息就成片了。

图 3-72   天胡荽

● **水蜈蚣**

水蜈蚣(图 3-73),相近植物有短叶水蜈蚣等,在低洼潮湿环境下可比同门香附子,很易成坪,气温下降后地上部分枯死。

图 3-73   水蜈蚣

● **蛇床**

蛇床(图 3-74),长相类似胡萝卜,因此俗称"野胡萝卜",一般少见大型植株,大多低矮,枝叶纤弱,春天开典型白色伞形花序。

图 3-74　蛇床

- **垂序商陆**

　　垂序商陆(图 3-75),绿地中常见的大型亚灌木状杂草,茎叶粗壮、肥大、草质,花果下垂、色艳,其相近植物商陆也比较常见(图 3-76)。

图 3-75　垂序商陆　　　　　图 3-76　商陆

- **凤眼蓝**

　　凤眼蓝(图 3-77),一般称作"凤眼莲",最通俗响亮的名字是"水葫芦",能起净化水体的功能,但作为入侵植物,对水面环境影响很大。

图 3-77　凤眼蓝

● 酢(cù)浆草

酢浆草(图 3-78),随处可见的低矮匍匐生长的杂草,种子弹射扩繁。

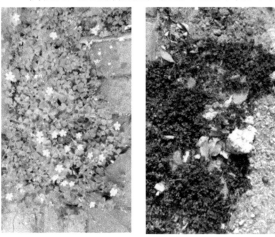

图 3-78　酢浆草

● 葎(lǜ)草

葎草(图 3-79),人们更愿意称其为"割人藤",蔓生,茎叶具刺,清理时常会割伤皮肤。种子繁殖。应是苏州地区当年生植物中最早萌发的杂草种类,在 2 月上旬即可见密集萌发。果穗可替代同属植物"啤酒花"使用。

图 3-79　葎草

● **萝藦**(luó mó)

　　萝藦(图 3-80),蔓生,枝叶有白色浆汁,种子有毛,扩繁能力强。其相似种华萝藦花上无毛(图 3-81)。

图 3-80　萝藦　　　　　　　　　　图 3-81　华萝藦

● **鸡矢藤**

　　鸡矢藤(图 3-82),茜草科鸡屎藤属植物,其相近种多,在任何乔灌木上均能攀爬,花序大而美。

图 3-82　鸡矢藤

- **旋花**

旋花(图3-83),亲缘关系邻近的还有打碗花、三裂叶薯等,花大而多,常爬满灌丛。

图 3-83　旋花

- **菟丝子**

菟丝子(图3-84),常见危害最严重的寄生植物,没有根系,靠吸收寄主植物的营养,正常生长发育,靠种子繁殖。

图 3-84　菟丝子

- **马㼎(bèi)儿**

马㼎儿(图3-85),"㼎"为古汉字,因"交"字常见,人们便从俗称之为"马交儿",也称"老鼠拉冬瓜";或干脆就叫"小瓜",应该是葫芦科植物中最小的瓜。蔓生,草质,常爬满灌丛。

图 3-85　马㼎儿

- **盒子草**

盒子草（图3-86），叶型比马胶儿狭长，瓜型相比略大，在水湿环境下生长旺盛，水边种植的乔灌木均能爬满，旱地一般生长不良。

图 3-86　盒子草

- **栝（guā）楼**

栝楼（图3-87），大型攀缘藤本植物，花白色，花冠裂片丝状流苏，果实球形，种子即吊瓜子。

图 3-87　栝楼

- **水绵/水华**

园林绿地中水塘春天常长满水绵（图3-88），以及夏天因蓝藻等藻类大量繁殖形成的水华（图3-89），均是水体富营养化后的结果。

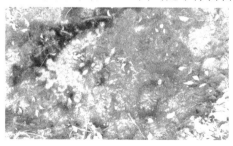

图 3-88　水绵　　　　　　　　　　　　图 3-89　水华

第四章 园林植物有害生物防治中的 "生力军"——益虫

植食性昆虫终究是食物链上的一个结点,城市绿地中也存在大量以此为食的益虫。达尔文在《物种起源》中就描述了瓢虫、蚜虫、蚂蚁这个最常见的小循环,瓢虫捕食蚜虫;蚜虫必须靠蚂蚁不断刺激才能排泄,然后继续刺吸危害;蚂蚁靠蚜虫分泌的蜜露共生,同时会保护蚜虫,但是,很显然这个生态小环境对植物并没有多少好处。"以虫治虫"虽不现实,在采取化学防治手段时,尽量保护益虫仍有必要。现实问题是大部分专业人员只学习了害虫,对益虫多是不认识的,并且有些益虫其他虫态及聚集方式同样让人觉得恶心,会因市民投诉而被当作害虫一并扑杀,因此介绍一些常见益虫种类很有必要。

一些常见益虫

● 瓢虫

瓢虫最常见,其种类多、成虫色彩艳丽,背部斑点多变,是人们喜爱的昆虫种类。瓢虫产卵一般是数粒整齐排列在一起(图4-1)。幼虫外观差异大,密集时能引起人不适(图4-2)。化蛹是附着在植物表面,轻触会立起来(图4-3)。成虫很萌,不停奔波,非常勤劳(图4-4)。

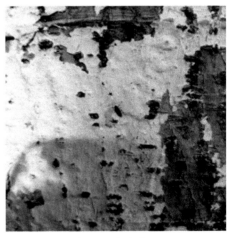

图4-1 瓢虫卵

图4-2　瓢虫幼虫及蜕

图4-3　瓢虫蛹

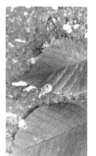

图4-4　瓢虫成虫

● **蜘蛛**

　　蜘蛛随处可见,其捕杀昆虫的能力几乎是不需要过多阐述的(图4-5)。蜘蛛不属于昆虫,种类很多,有的布下天罗地网守株待兔,有的主动出击,行动迅速(图4-6)。蜘蛛虽是杀虫标兵,但多数人不喜欢它们。

图4-5　蜘蛛捕食

图4-6　蚁蛛捕食啮虫

● **螳螂**

在《黑猫警长》的故事中,螳螂"妻杀夫"的情节几乎老少皆知,其捕杀昆虫时不分益虫还是害虫,是自然界的天然杀手(图4-7)。螳螂有两把"大刀",多数人一眼看到,会有抓住它的想法,不过当你伸手过去,它会瞪着两只大眼睛看着你,并像决斗的武士那样拉起架势。

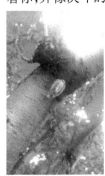

图4-7　螳螂

● **蜻蜓**

　　蜻蜓是对蜻蜓、豆娘(螅)的一种统称(图 4-8),区别是,停留在植物上前后翅平展的为蜻蜓(图 4-9),后翅收起折叠的为豆娘(图 4-10)。蜻蜓种类非常多,稚虫水生,成虫难分类,是一类常见重要益虫。

图 4-8　蜻蜓蜕

图 4-9　蜻蜓

图 4-10　豆娘

● 食蚜蝇

食蚜蝇种类很多(图 4-11),大多很有特点,眼睛比身体大,翅膀透明,很多种类具体是蝇还是蜂,人们难以区分。

图 4-11 食蚜蝇

● 草蛉亚目

草蛉亚目昆虫具有捕食性,大多是蚜、蚧、虱、蓟马等昆虫的天敌。大草蛉成虫最常见,金色的眼睛,透明的翅膀,通体绿色,产卵方式也别具特点(图 4-12—图 4-14)。其他还有褐蛉(图 4-15),躲藏在枝丫或叶片的荫蔽处,不易被发现。蚜狮虫体较小(图 4-16),后背层层叠叠堆垛植物碎屑,看起来就像移动的杂物。

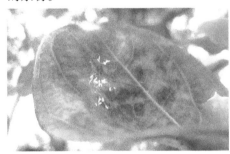

图 4-12 草蛉卵   图 4-13 草蛉幼虫

图 4-14　草蛉成虫

图 4-15　褐蛉
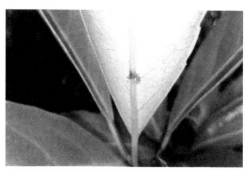
图 4-16　蚜狮

- **马蜂科**

马蜂科昆虫细腰大肚,都比较凶猛。马蜂(图 4-17),无须赘言,人们用"捅马蜂窝"来形容事情坏的严重程度,能致人死亡,所以它虽是著名的益虫(图 4-18),却常因离人群近,一旦被人们发现,均要请消防部门出动处理。胡蜂也是离人群近而人见人怕的益虫,在荫蔽处结巢,其巢形似"龙头花洒"。"蜾蠃"(guǒ luǒ)这两个字多数人不会念,但"螟蛉义子"的典故是出自它,在建筑物隐蔽阴角处筑巢(图 4-19),将害虫封在巢内,以养育后代。

图 4-17　马蜂

图 4-18　胡蜂

图 4-19　蜾蠃(巢)

● **姬蜂**

姬蜂幼虫包含寄生鳞翅目、鞘翅目等昆虫幼虫（图4-20—图4-22）。

图4-20　悬茧姬蜂及茧

图4-21　甘蓝夜蛾拟瘦姬蜂

图4-22　姬蜂

● **茧蜂**

茧蜂寄生鳞翅目幼虫见图4-23,茧蜂成虫见图4-24。

图4-23 茧蜂寄生鳞翅目幼虫

图4-24 茧蜂成虫

● **姬小蜂**

姬小蜂极小,其卵寄生鳞翅目昆虫(图4-25)。

图 4-25　姬小蜂

● **星斑虎甲**

星斑虎甲(图 4-26),也称引路虫,常停留在叶面一动不动。

图 4-26　星斑虎甲

● **益蟵**

益蟵(图 4-27)为捕食性昆虫,主要捕食鳞翅目幼虫。

图 4-27　益蟵

附录一

园林植物常见有害生物归类表

序号	植物	科属	属性	病虫	拉丁名	类型	植物生长状态	危害位置	生活史	重要性
1	八角金盘	五加	常绿灌木	日灼病		生理性	夏季持续高温干旱，暴露在阳光直射下	上部叶尖		**
2	八角金盘	五加	常绿灌木	疮痂炭疽病	*Colletorichum gloeosporioides* （Penz.）Sacc	真菌性	新叶展开后	叶面		**
3	白车轴草	豆	地被草本	白绢病（菌核性根腐病）	*Sclerotium rolfsii* Gurzi	真菌性	6月上旬，7～8月盛发期	根部		**
4	白车轴草	豆	地被草本	斑缘豆粉蝶	*Colias erate*	食叶性	4月初	叶面	1年1代	***
5	白车轴草	豆	地被草本	斜纹夜蛾	*Prodenia litura* （Fabricius）	食叶性	7月中下旬	叶面	1年5～7代，以蛹在土中越冬	***
6	臭椿	苦木	落叶乔木	斑衣蜡蝉	*Lycorma delicatula*	刺吸性（蝉）	4月前后若虫孵化	枝叶	1年1代，以卵在向阳树干上越冬	****
7	垂柳	杨柳	落叶乔木	星天牛/光肩星天牛	*Anoplophora chinensis* （Forster）/ *Anoplophora glabripennis* Motschulsky	钻蛀性（天牛）	5月成虫羽化	主干	1年1代	****
8	垂柳（旱柳、河柳）	杨柳	落叶乔木	木蠹蛾	*Zeuzera coffeae* Nietner/ *Zeuzera pyrina* （Linnaeus）	钻蛀性（木蠹蛾）	4月开始活动，下旬化蛹	主干分枝	1年1代，老熟幼虫在被害枝干内越冬	****
9	垂柳（旱柳、河柳）	杨柳	落叶乔木	黄刺蛾	*Cnidocampa flavescens* （Walker）	食叶性	6月中下旬	叶面	1年2代，以老熟幼虫在枝干、树干上结茧越冬	**

续表

序号	植物	科属	属性	病虫	拉丁名	类型	植物生长状态	危害位置	生活史	重要性
10	垂柳（旱柳、河柳）	杨柳	落叶乔木	柳刺皮瘿螨	*Aculops niphocladae* Keifer	刺吸性（螨）	新梢叶片	叶面	1年多代，以成螨在一二年生枝条裂缝或凹陷处及芽鳞处越冬	***
11	垂柳（旱柳、河柳）	杨柳	落叶乔木	杨柳小卷蛾	*Gypsonama minutana*	食叶性	6月下旬、7月上中旬	叶片	1年3代	***
12	垂柳（旱柳、河柳）	杨柳	落叶乔木	柳蓝叶甲	*Plagiodera versicolora* (Laicharting)	食叶性	4月上旬成虫取食并产卵	叶面	1年3~4代，以成虫在土中或枝干缝隙处越冬	****
13	垂柳（旱柳、河柳）	杨柳	落叶乔木	柳沟胸跳甲	*Crepidodera pluta* (Latreille)	食叶性	4月中下旬、5月上旬成虫取食并产卵	叶面	1年多代	****
14	垂柳（旱柳、河柳）	杨柳	落叶乔木	分月扇舟蛾	*Clostera anastomosis* (Linnaeus, 1757)	食叶性	4月中下旬见危害	叶片	1年6~7代，苏州能以老熟幼虫在枝干上越冬	****
15	垂柳（旱柳、河柳）	杨柳	落叶乔木	娇膜肩网蝽	*Hegesidemus habrus* Drake	刺吸性（蝽）	5月上中旬	叶背	1年多代	***
16	垂柳（旱柳、河柳）	杨柳	落叶乔木	大青叶蝉	*Cicadella viridis* (Linne,1758)	刺吸性（蝉）	5月上中旬	枝叶	1年3~5代	**
17	垂柳	杨柳	落叶乔木	柳细蛾	*Lithocolletis paslorella* Zeller	食叶性	4月上中旬幼虫危害	叶面	1年3代	***
18	垂柳（旱柳、河柳）	杨柳	落叶乔木	柳丽细蛾	*Caloptilia chrysolampra* (Meyrick)	食叶性	5月上中旬幼虫危害	叶片	不详	***

序号	植物	科属	属性	病虫	拉丁名	类型	植物生长状态	危害位置	生活史	重要性
19	垂柳（旱柳、河柳）	杨柳	落叶乔木	柳蚜/柳黑毛蚜	*Aphis farinosa* Gmelin/*Chaitophorus salinigri* Shinji	刺吸性（蚜）	展叶后	叶背	1 年多代	***
20	垂柳（旱柳、河柳）	杨柳	落叶乔木	皱背叶甲	*Abiromorphus anceyi* Pic	食叶性	6 月中下旬	叶片	1 年 1 代	*
21	垂柳（旱柳、河柳）	杨柳	落叶乔木	茶袋蛾	*Clania minuscula* Butler	食叶性	新梢停止生长	叶片	1 年 1 代	**
22	垂柳（旱柳、河柳）	杨柳	落叶乔木	杨黑点叶蜂	*Pristiphora conjugata* (Dahlbom)	食叶性	10 月后	叶片	1 年 1 代	****
23	垂柳（旱柳、河柳）	杨柳	落叶乔木	暗黑鳃/铜绿丽/白星花金龟	*Holotrichia parallela* Motschulsky/*Anomala corpulenta* Motschulsky/*Protaetia* (Liocola) *brevitarsis* (Lewis)	食叶性	7 月中旬	叶片	1 年 1 代	***
24	垂柳（旱柳、河柳）	杨柳	落叶乔木	柳锈病	*Melampsora* spp.	真菌性	4 月中旬	叶片		***
25	垂丝海棠	蔷薇	落叶乔木	梨冠网蝽	*Stephanotis nashi* (Esaki et Takeya)	刺吸性（蝽）	4 月上中旬,6 月中旬及夏秋严重	叶背	1 年 4~5 代,以成虫在枯枝败叶中越冬	*****
26	垂丝海棠	蔷薇	落叶乔木	星天牛/光肩星天牛	*Anoplophora chinensis* (Forster)/*Anoplophora glabripennis* Motschulsky	钻蛀性（天牛）	5 月成虫羽化	分枝点以下	1 年 1 代	**
27	垂丝海棠	蔷薇	落叶乔木	小蜻蜓尺蛾	*Cystidia couaggaria* (Guenée, 1860)	食叶性	新叶	叶缘	1 年 1 代	**

序号	植物	科属	属性	病虫	拉丁名	类型	植物生长状态	危害位置	生活史	重要性
28	垂丝海棠	蔷薇	落叶乔木	海棠褐斑病	*Cercospora* spp.	真菌性	梅雨期	叶面		**
29	慈孝竹	禾本	竹类	竹茎扁蚜/竹舞蚜	*Pseudoregma bambusicola* (Takahashi)/*Astegopteryx bambusifoliae*	刺吸性（蚜）	新笋	笋基部	1年多代	****
30	慈孝竹	禾本	竹类	小绿叶蝉	*Empoasca flavescens* (Fabricius)	刺吸性（蝉）	6月中下旬、7月上旬	叶片	1年多代	***
31	慈孝竹	禾本	竹类	竹织叶野螟	*Algedonia coclesalis* (Walker)	食叶性	6月上中旬	分枝新梢	1年1代	***
32	慈孝竹	禾本	竹类	长足大竹象	*Cyrtotrachelus buqueti* Guer	钻蛀性（象甲）	5月	根基部	1年1代，以成虫在竹丛土壤下蛹室内越冬	**
33	刺叶石楠	蔷薇	常绿灌木	石楠褐斑病	*Cercospora eriobotryae* (Enj.) Saw.	真菌性	新梢新叶	叶面		**
34	刺叶石楠	蔷薇	常绿灌木	石楠白粉病	*Oidium* sp.	真菌性	新叶展开期	叶正面		***
35	葱莲（葱兰）	石蒜	地被草本	葱兰炭疽病	*Colletotrichum dematium*	真菌性	梅雨前开始	叶面		*****
36	葱莲（葱兰）	石蒜	地被草本	葱兰夜蛾	*Laphygma* sp.	食叶性	9月	叶片	1年5~6代，以蛹在寄主植物附近土壤中越冬，4—5月成虫羽代	*****

序号	植物	科属	属性	病虫	拉丁名	类型	植物生长状态	危害位置	生活史	重要性
37	丁香	木樨	落叶乔木	女贞潜跳甲	*Argopistes tsekooni* Chen	食叶性	4月上中旬成虫羽化	叶面	1年3代,以成虫在土壤中越冬	*****
38	丁香	木樨	落叶乔木	小蜡绢须野螟/白蜡绢野螟	*Palpita nigropunctalis*（Bremer）/ *Diaphania nigropunctalis*	食叶性	新梢新叶	新梢	1年3~4代	***
39	冬青（红果）	冬青	常绿乔木	红蜡蚧	*Ceroplastes rubens*（Maskell）	刺吸性（蚧）	5月下旬产卵孵化,孵化期长	枝干	1年1代	***
40	冬青卫矛（大叶黄杨）	卫矛	常绿灌木	棉蚜	*Aphis gossypii* Glover	刺吸性（蚜）	新梢	新梢	1年多代	***
41	冬青卫矛（大叶黄杨）	卫矛	常绿灌木	长毛斑蛾	*Prgeria sinica* Moore	食叶性	新叶	叶背	1年1代,以卵越冬	***
42	冬青卫矛（大叶黄杨）	卫矛	常绿灌木	大叶黄杨白粉病	*Oidium euonymi-japonicae*	真菌性	梅雨前开始	叶面		**
43	冬青卫矛（大叶黄杨）	卫矛	常绿灌木	大叶黄杨疮痂病	*Colletotrichum* sp.	真菌性	5月后	叶面		***
44	冬青卫矛（大叶黄杨）	卫矛	常绿灌木	大叶黄杨灰斑病	*Phyllosticta euonumi* Sacc.	真菌性	5月后	叶面		****
45	冬青卫矛（大叶黄杨）	卫矛	常绿灌木	丝棉木金星尺蛾	*Calospilos suspecta* Warren	食叶性	5月中下旬成虫羽化	叶缘	1年4代,以蛹在土壤中越冬	*****

续表

序号	植物	科属	属性	病虫	拉丁名	类型	植物生长状态	危害位置	生活史	重要性
46	冬青卫矛（大叶黄杨）	卫矛	常绿灌木	炭疽病	*Colletotrichum* sp.	真菌性	5月后	叶面		***
47	杜英	杜英	常绿乔木	小袋蛾	*Acanthopsyche* sp.	食叶性	秋梢停止生长后危害重（9、10月）	叶背	1年2代	***
48	杜英	杜英	常绿乔木	卷蛾	*Homona* sp.	食叶性	7月中下旬多见	叶面	不详	***
49	杜英	杜英	常绿乔木	丽绿刺蛾	*Parasa lepida* (Cramer)	食叶性	6月上中旬成虫羽化	叶背	1年2代，老熟幼虫在枝干处结茧越冬	***
50	杜英	杜英	常绿乔木	日本龟蜡蚧	*Ceroplastes japonicas* Guaind	刺吸性（蚧）	5月下旬产卵孵化	叶面	1年1代	**
51	杜英	杜英	常绿乔木	红带网纹蓟马	*Selenothrips rubrocinctus* (Giard)	锉吸性（蓟）	9月	叶背	1年多代	**
52	杜英	杜英	常绿乔木	六星吉丁	*Chrysobothris succedana*	钻蛀性（吉丁）	5月成虫羽化	主干	1年1代，以幼虫越冬	**
53	杜英	杜英	常绿乔木	樗蚕蛾	*Philosamia cynthia* Walker et Felder	食叶性	7月上旬	叶背	1年2代，以蛹越冬	***
54	鹅掌楸	木兰	落叶乔木	炭疽病	*Colletotrichum* sp.	真菌性	梅雨前	叶面		***
55	枫香树	蕈树	落叶乔木	丽绿刺蛾	*Parasa lepida* (Cramer)	食叶性	6月上中旬成虫羽化	叶背	1年2代，老熟幼虫在枝干处结茧越冬	***

续表

序号	植物	科属	属性	病虫	拉丁名	类型	植物生长状态	危害位置	生活史	重要性
56	枫香树	蕈树	落叶乔木	红带网纹蓟马	*Selenothrips rubrocinctus* (Giard)	锉吸性(蓟)	5月中下旬	叶背	1年5~6代,以成虫、卵越冬	****
57	枫香树	蕈树	落叶乔木	武夷山曼盲蝽	*Mansoniella wuyishana* Lin	刺吸性(蝽)	5月上旬	叶背	1年多代	*****
58	枫杨	胡桃	落叶乔木	枫杨瘤瘿螨	*Aceria pterocaryae*	刺吸性(螨)	叶片完全展开	叶面	1年多代	***
59	凤尾竹	禾本	竹类	小绿叶蝉	*Empoasca flavescens* (Fabricius)	刺吸性(蝉)	5月上中旬	叶片	1年多代	**
60	凤尾竹	禾本	竹类	竹茎扁蚜/竹舞蚜	*Pseudoregma bambusicola* (Takahashi)/ *Astegopteryx bambusifoliae*	刺吸性(蚜)	新笋	根基部	1年多代	****
61	扶芳藤	卫矛	地被藤本	丝棉木金星尺蛾	*Calospilos suspecta* Warren	食叶性	5月中下旬成虫羽化	叶缘	1年4代,以蛹在土中越冬	***
62	扶芳藤	卫矛	地被藤本	棉蚜	*Aphis gossypii* Glover	刺吸性(蚜)	新梢	新梢	1年多代	**
63	柑橘	芸香	常绿小乔木	红蜡蚧	*Ceroplastes rubens* (Maskell)	刺吸性(蚧)	5月下旬产卵孵化,孵化期长	枝干	1年1代	***
64	柑橘	芸香	常绿小乔木	日本龟蜡蚧	*Ceroplastes japonicas* Guaind	刺吸性(蚧)	5月下旬产卵孵化	叶面	1年1代	***
65	柑橘	芸香	常绿小乔木	六星吉丁	*Chrysobothris succedana*	钻蛀性(吉丁)	5月成虫羽化	主干	1年1代,以幼虫越冬	**
66	柑橘	芸香	常绿小乔木	柑橘凤蝶	*Papilio xuthus*	食叶性	6月中下旬	叶面	1年3代	***

序号	植物	科属	属性	病虫	拉丁名	类型	植物生长状态	危害位置	生活史	重要性
67	柑橘	芸香	常绿小乔木	柑橘全爪螨	*Panonchus citri* Mc Gregor	刺吸性（螨）	4—5月危害高峰期	叶面	世代重叠，多以卵在枝条缝隙处越冬	***
68	柑橘	芸香	常绿小乔木	柑橘恶性叶甲/柑橘潜叶甲/柑橘叶潜蛾	*Clitea metallica/ Podagricomela nigricollis* Chen/ *Phyllccnistis citrella* Stainton	食叶性	4月上旬	叶面	1年1代	****
69	刚竹属	禾本	竹类	竹丛枝病	*Balansia take* (Miyake)Hara.	真菌性	新梢	分枝		**
70	刚竹属	禾本	竹类	白尾安粉蚧	*Antonina crawii* Cockerell	刺吸性（蚧）	5月上旬若虫危害	枝干	1年3代，以雌成虫叶芽处越冬	**
71	高羊茅	禾本	地被草本	草坪锈病	*Puccinia* sp. / *Uromyces* sp.	真菌性	梅雨前，雨季	叶面		***
72	高羊茅	禾本	地被草本	草坪褐斑病	*Rhizoctonia solani*	真菌性	梅雨前，雨季	叶片		***
73	高羊茅	禾本	地被草本	草坪黏菌病	*Mucilago crustacea*	真菌性	梅雨前，雨季	叶面		**
74	高羊茅	禾本	地被草本	淡剑袭夜蛾	*Sidemia depravata* Butler	食叶性	第一代5月上中旬开始危害，世代重叠	叶片	1年5~6代，以老熟幼虫和蛹在土壤中越冬	*****
75	高羊茅	禾本	地被草本	黏虫	*Mythmna seperata*	食叶性	气候适合即发生	叶片	1年多代	***
76	高羊茅	禾本	地被草本	跳盲蝽	*Halticus* sp.	刺吸性（蝽）	7月上中旬严重	叶面	不详	***

续表

序号	植物	科属	属性	病虫	拉丁名	类型	植物生长状态	危害位置	生活史	重要性
77	高羊茅	禾本	地被草本	蛴螬	*Holotrichia parallela* Motschulsky/ *Anomala corpulenta* Motschulsky	地下害虫	幼虫在3—4月土温升高后危害	根部		***
78	狗牙根(百慕大)	禾本	地被草本	小绿叶蝉	*Empoasca flavescens* (Fabricius)	刺吸性(蝉)	5月上中旬	叶片	1年多代	**
79	狗牙根(百慕大)	禾本	地被草本	淡剑袭夜蛾	*Sidemia depravata* Butler	食叶性	第一代5月上中旬开始危害,世代重叠	叶片	1年5~6代,以老熟幼虫和蛹在土中越冬	***
80	狗牙根(百慕大)	禾本	地被草本	蛴螬	*Holotrichia parallela* Motschulsky/ *Anomala corpulenta* Motschulsky	地下害虫	幼虫3—4月土温升高后危害	根部		***
81	狗牙根(百慕大)	禾本	地被草本	草坪锈病	*Puccinia* sp./ *Uromyces* sp.	真菌性	梅雨前,雨季	叶片		**
82	枸杞	茄	落叶藤本	枸杞瘿螨	*Aceria* sp.	刺吸性(螨)	新叶展开	叶面	1年多代	***
83	枸杞	茄	落叶藤本	枸杞负泥虫	*Lema decempunctata* Gebler	食叶性	9月严重	叶片	1年5代	****
84	枸杞	茄	落叶藤本	枸杞白粉病	*Oidium* sp.	真菌性	梅雨前,雨季	叶片		****
85	枸骨	冬青	常绿乔木	红蜡蚧	*Ceroplastes rubens* (Maskell)	刺吸性(蚧)	5月下旬产卵孵化孵化期长	枝干	1年1代	***

续表

序号	植物	科属	属性	病虫	拉丁名	类型	植物生长状态	危害位置	生活史	重要性
86	黄杨	黄杨	常绿灌木	黄杨绢野螟	*Diaphania perspectalis* (Walker)	食叶性	新叶未展前越冬老熟幼虫危害,5—6月、9—10月危害常严重	新叶	1年多代	*****
87	光皮梾木(光皮树)	山茱萸	常绿乔木	红蜡蚧	*Ceroplastes rubens* (Maskell)	刺吸性(蚧)	5月下旬产卵孵化,孵化期长	枝干	1年1代	***
88	龟甲冬青	冬青	常绿灌木	蛴螬	*Holotrichia parallela* Motschulsky/ *Anomala corpulenta* Motschulsky	地下害虫	幼虫3—4月土温升高危害	根部		***
89	龟甲冬青	冬青	常绿灌木	红蜡蚧	*Ceroplastes rubens* (Maskell)	刺吸性(蚧)	5月下旬产卵孵化,孵化期长	枝干	1年1代	***
90	国槐	豆	落叶乔木	中国槐蚜	*Aphis sophoricola* Zhang	刺吸性(蚜)	新叶	新梢新叶	1年多代	***
91	国槐	豆	落叶乔木	国槐尺蠖	*Semiothisa cmerearia* (Bremer et Grey)	食叶性	4月中下旬成虫羽化	叶片	1年4代,以蛹在土中越冬	****
92	国槐	豆	落叶乔木	国槐小卷蛾	*Cydia trasias* (Meyrick, 1928)	钻蛀性(蛾)	5月中旬成虫羽化	叶腋	1年3代,幼虫在枝条内越冬	***
93	海桐	海桐	常绿灌木	桃蚜/桃粉蚜	*Myzus persicae* (Sulzer)/ *Hyalopterus arundimis* Fabricius	刺吸性(蚜)	花前期	新梢新叶	1年多代	****

序号	植物	科属	属性	病虫	拉丁名	类型	植物生长状态	危害位置	生活史	重要性
94	海桐	海桐	常绿灌木	上海无齿木虱	*Edentatipsylla shanghaiensis* Li et Chen	刺吸性（虱）	新梢开始生长	新梢新叶	1年5~6代，以若虫在腋芽处越冬	***
95	合欢	豆	落叶乔木	合欢羞木虱	*Acizzia jamatonnica*（Kuwayama）	刺吸性（虱）	新梢新叶	叶背	1年3~4代	*****
96	合欢	豆	落叶乔木	合欢双条天牛	*Xystrocera globosa*	钻蛀性（天牛）	6月中下旬至7月	主干	2年1代	*****
97	合欢	豆	落叶乔木	合欢吉丁虫	*Chrysochroa fulminaus* Fabricius	钻蛀性（吉丁）	4月开始活动，下旬化蛹	主干	1年1代，以幼虫在树干虫道内越冬	****
98	合欢	豆	落叶乔木	变色夜蛾	*Enmonodia vespertili* Fabricius	食叶性	4月上中旬羽化	叶片	1年多代，以蛹在寄主根部或土壤中越冬	****
99	合欢	豆	落叶乔木	合欢巢蛾	*Mimosa webworm*	食叶性	花后期	叶片		***
100	合欢	豆	落叶乔木	枯萎病	*Fusarium oxysporwm schl. f. sp. perndiosium*	真菌性	6月	主干		***
101	合欢	豆	落叶乔木	合欢溃疡病	*Fusicoccum. sp.*	真菌性	花期	主干		**
102	莲（荷花）	莲	水生植物	斜纹夜蛾	*Prodenia litura*（Fabricius）	食叶性	7月中下旬	叶正面	1年5~7代，以蛹在土中越冬	***
103	莲（荷花）	莲	水生植物	梨剑纹夜蛾	*Acronycta rumicis*	食叶性	立叶出水后	叶正面	1年2代	***
104	莲（荷花）	莲	水生植物	莲缢管蚜	*Rhopalosiphum nymphaeae*（Linnaeus）	刺吸性（蚜）	浮叶未展前	立叶	1年多代	***

序号	植物	科属	属性	病虫	拉丁名	类型	植物生长状态	危害位置	生活史	重要性
105	荷花玉兰（广玉兰）	木兰	常绿乔木	日本壶链蚧（藤壶蚧）	*Asterococcus muratae* Kuwana	刺吸性（蚧）	以广玉兰叶、花苞即将开裂未脱落为孵化盛期	枝干	1年1代	***
106	荷花玉兰（广玉兰）	木兰	常绿乔木	黑色枝小蠹	*Xylosandrus compactus*	钻蛀性（小蠹）	当年生小枝条	新梢		***
107	红花檵木	金缕梅	常绿灌木	棉蚜	*Aphis gossypii* Glover	刺吸性（蚜）	新梢	新梢	1年多代	***
108	红花檵木	金缕梅	常绿灌木	木蠹蛾	*Zeuzera coffeae* Nietner/ *Zeuzera pyrina* (Linnaeus)	钻蛀性（木蠹蛾）	4月开始活动，下旬化蛹	枝干	1年1代，老熟幼虫日在被害枝干内越冬	**
109	红花檵木	金缕梅	常绿灌木	日本纽绵蚧	*Takahashia japonica* Cockerell	刺吸性（蚧）	5月上中旬卵孵化	枝干	1年1代，以受精雌成虫在枝条上越冬	***
110	红花檵木	金缕梅	常绿灌木	小袋蛾	*Acanthopsyche* sp.	食叶性	秋梢停止生长后危害重（9、10月）	叶背	1年2代	****
111	红花酢浆草（关节）	酢浆草	地被草本	酢浆灰蝶	*Pseudozizeeria maha*	食叶性	全年	叶片	1年多代	***
112	红花酢浆草（关节）	酢浆草	地被草本	酢浆草岩螨	*Petrobia harti*	刺吸性（螨）	高温干燥迅速成灾	叶面叶背	1年10多代	*****
113	红瑞木	山茱萸	落叶灌木	蛴螬	*Holotrichia parallela* Motschulsky/ *Anomala corpulenta* Motschulsky	地下害虫	幼虫在3—4月土温升高后危害	根部		***

续表

序号	植物	科属	属性	病虫	拉丁名	类型	植物生长状态	危害位置	生活史	重要性
114	红叶石楠	蔷薇	常绿灌木	小袋蛾	*Acanthopsyche* sp.	食叶性	秋梢停止生长后危害重（9、10月）	叶背	1年2代	*****
115	红叶石楠	蔷薇	常绿灌木	绣线菊蚜	*Aphis citricola* Van der Goot	刺吸性（蚜）	新梢新叶	新梢新叶	1年多代	****
116	红叶石楠	蔷薇	常绿灌木	小蜻蜓尺蛾	*Cystidia couaggaria* （Guenée, 1860）	食叶性	新梢新叶	叶缘	1年1代	***
117	红叶石楠	蔷薇	常绿灌木	茶丽纹象甲	*Myllocerinus aurolineatus* Voss	食叶性	新梢停止生长,5月中下旬	叶缘	1年1代	***
118	红叶石楠	蔷薇	常绿灌木	切叶象	*Aderorhinus crioceroides*	食叶性	4月上中旬	新梢新叶	1年1代	*****
119	红叶石楠	蔷薇	常绿灌木	二带遮眼象	*Pseudocneorhinus bifasciatus* Roelofs	食叶性	新梢	叶缘	不详	***
120	红叶石楠	蔷薇	常绿灌木	木蠹蛾	*Zeuzera coffeae* Nietner/ *Zeuzera pyrina* （Linnaeus）	钻蛀性（木蠹蛾）	4月开始活动,下旬化蛹	枝干	1年1代,老熟幼虫在被害枝干内越冬	**
121	红叶石楠	蔷薇	常绿灌木	温室白粉虱	*Trialeurodes vaporaiorum* （Westwood）	刺吸性（虱）	6月下旬、7月上旬	叶面		**
122	红叶石楠	蔷薇	常绿灌木	炭疽病	*Colletotrichum* sp.	真菌性	梅雨前	叶面		**
123	红叶石楠	蔷薇	常绿灌木	丽绿刺蛾	*Parasa lepida* （Cramer）	食叶性	6月上中旬成虫羽化	叶背	1年2代,老熟幼虫在枝干处结茧越冬	***
124	红叶石楠	蔷薇	常绿灌木	矢尖蚧	*Unaspis yanonensis* （Kuwana）	刺吸性（蚧）	4月中下旬5月上旬	枝干	1年3代,以受精雌成虫在枝干上越冬	***
125	黄连木	漆树	落叶乔木	梳齿毛根蚜	*Chaetogeoica folidentata* （Tao,1947）	刺吸性（蚜）	5月下旬	叶背	1年多代	***

续表

序号	植物	科属	属性	病虫	拉丁名	类型	植物生长状态	危害位置	生活史	重要性
126	黄连木	漆树	落叶乔木	缀叶丛螟	*Locastra muscosalis*	食叶性	6月下旬	叶片		***
127	黄连木	漆树	落叶乔木	吹棉蚧	*Icerya purchasi* Maskell	刺吸性（蚧）	新梢停止生长	枝干	1年2~3代	***
128	火棘	蔷薇	常绿灌木	小袋蛾	*Acanthopsyche* sp.	食叶性	秋梢停止生长后危害重（9、10月）	叶背	1年2代	****
129	火棘	蔷薇	常绿灌木	桃蚜/桃粉蚜	*Myzus persicae* (Sulzer)/ *Hyalopterus arundimis* Fabricius	刺吸性（蚜）	新梢	新梢新叶	1年多代	****
130	火棘	蔷薇	常绿灌木	小蜻蜓尺蛾	*Cystidia couaggaria* (Guenée,1857)	食叶性	新叶	叶缘	1年1代	****
131	火棘	蔷薇	常绿灌木	二带遮眼象	*Pseudocneorhinus bifasciatus* Roelofs	食叶性	新叶展开	叶缘	不详	***
132	火棘	蔷薇	常绿灌木	黑额长筒金花虫	*Physosmaragdina nigrifrons* (Hope,1842)	食叶性	嫩梢,6—8月	新梢	1年1代	***
133	火棘	蔷薇	常绿灌木	红蜡蚧	*Ceroplastes rubens* (Maskell)	刺吸性（蚧）	5月下旬产卵孵化,孵化期长	枝干	1年1代	***
134	夹竹桃	夹竹桃	常绿灌木	夹竹桃蚜	*Aphis nerii*	刺吸性（蚜）	重短截后新梢危害严重,10月危害重	新梢	1年多代	***
135	结香	瑞香	落叶灌木	白绢病（菌核性根腐病）	*Sclerotium rolfsii* Gurzi	真菌性	6月上旬,7—8月盛发期	根部		**
136	金边黄杨	卫矛	常绿灌木	棉蚜	*Aphis gossypii* Glover	刺吸性（蚜）	新梢	新梢	1年多代	***

序号	植物	科属	属性	病虫	拉丁名	类型	植物生长状态	危害位置	生活史	重要性
137	金边黄杨	卫矛	常绿灌木	丝棉木金星尺蛾	*Calospilos suspecta* Warren	食叶性	5月中下旬成虫羽化	叶缘	1年4代，以蛹在土中越冬	*****
138	金边黄杨	卫矛	常绿灌木	卫矛矢尖盾蚧	*Unaspis euo mi* （Comstock）	刺吸性（蚧）	4月中下旬，5月上中旬	枝干	1年3代，以受精雌成虫在枝干上越冬	***
139	金丝桃	金丝桃	常绿灌木	二带遮眼象	*Pseudocneorhinus bifasciatus* Roelofs	食叶性	6月中旬	叶缘	不详	***
140	金丝桃	金丝桃	常绿灌木	棉蚜	*Aphis gossypii* Glover	刺吸性（蚜）	新梢	新梢	1年多代	***
141	金丝桃	金丝桃	常绿灌木	茶袋蛾	*Clania minuscula* Butler	食叶性	新梢停止生长	叶片	1年1代	**
142	金丝桃	金丝桃	常绿灌木	木蠹蛾	*Zeuzera coffeae* Nietner/ *Zeuzera pyrina* （Linnaeus）	钻蛀性（木蠹蛾）	4月开始活动，下旬化蛹	枝干	1年1代，老熟幼虫在被害枝干内越冬	**
143	金丝桃	金丝桃	常绿灌木	日灼病		生理性	夏季持续高温干旱，暴露在阳光直射下	上部叶尖		**
144	金叶女贞	木樨	半常绿灌木	女贞叶斑病	*Corynespora* sp.	真菌性	新叶展开、雨水多时发生严重	叶面		*****
145	金叶女贞	木樨	半常绿灌木	白蜡蚧	*Ericerus pela* Chavannes	刺吸性（蚧）	4月中下旬	枝干	1年1代，以受精雌成虫在枝梢上越冬	***
146	金叶女贞	木樨	半常绿灌木	蛴螬	*Holotrichia parallela* Motschulsky/ *Anomala corpulenta* Motschulsky	地下害虫	幼虫在3—4月土温升高后危害	根部		*****

续表

序号	植物	科属	属性	病虫	拉丁名	类型	植物生长状态	危害位置	生活史	重要性
147	金叶女贞	木樨	半常绿灌木	女贞潜跳甲	*Argopistes tsekooni* Chen	食叶性	4月中旬成虫羽化	叶面	1年3代，以老熟幼虫在土中越冬	*****
148	金叶女贞	木樨	半常绿灌木	棕色瓢跳甲	*Argopistes hoenei* Maulik	食叶性	4月上中旬成虫取食危害	叶面	1年1代，以成虫在土中越冬	*****
149	金叶女贞	木樨	半常绿灌木	女贞粗腿象甲	*Ochyromera ligustri*	食叶性	6月上中旬	叶背	1年1代	****
150	金叶女贞	木樨	半常绿灌木	大灰象虫	*Sympiezomias velatus* (Chevrolat)	食叶性	6月中旬	叶缘		***
151	金叶女贞	木樨	半常绿灌木	负泥虫	Criocerinae	食叶性	早春新梢	新梢新叶	不详	****
152	金叶女贞	木樨	半常绿灌木	女贞高颈网蝽	*Perissonemia borneensis*	刺吸性（蝽）	6月	叶背	1年多代	**
153	金叶女贞	木樨	半常绿灌木	女贞饰棍蓟马	*Dendrothrips ornatus* (Jablonowsky)	锉吸性（蓟）	5月上中旬	叶面	1年多代	***
154	金叶女贞	木樨	半常绿灌木	霜天蛾	*Psilogramma menephron*	食叶性	10月	叶片	1年1代	***
155	金叶女贞	木樨	半常绿灌木	金叶女贞黄环绢须野螟	*Palpita antulata* (Fabicius)	食叶性	新梢新叶	新梢	1年3~4代	***
156	锦带花	忍冬	常绿灌木	木蠹蛾	*Zeuzera coffeae* Nietner/ *Zeuzera pyrina* (Linnaeus)	钻蛀性（木蠹蛾）	4月开始活动，下旬化蛹	枝干	1年1代，老熟幼虫在被害枝干内越冬	**
157	锦绣杜鹃（毛鹃）	杜鹃花	常绿灌木	杜鹃冠网蝽	*Stephanitis pyriodes* (Scott,1874)	刺吸性（蝽）	花期	叶背	1年5~6代	*****

序号	植物	科属	属性	病虫	拉丁名	类型	植物生长状态	危害位置	生活史	重要性
158	锦绣杜鹃（毛鹃）	杜鹃花	常绿灌木	温室白粉虱	*Trialeurodes vaporaiorum*（westwood）	刺吸性（虱）	6月下旬、7月上旬	叶面		**
159	锦绣杜鹃（毛鹃）	杜鹃花	常绿灌木	二带遮眼象	*Pseudocneorhinus bifasciatus* Roelofs	食叶性	6月中旬	叶缘	不详	***
160	锦绣杜鹃（毛鹃）	杜鹃花	常绿灌木	木蠹蛾	*Zeuzera coffeae* Nietner/ *Zeuzera pyrina*（Linnaeus）	钻蛀性（木蠹蛾）	4月开始活动，下旬化蛹	枝干	1年1代，老熟幼虫在被害枝干内越冬	**
161	锦绣杜鹃（毛鹃）	杜鹃花	常绿灌木	叶肿病	*Exobasidium japonicum* Shirai	真菌性	花期	新梢		***
162	锦绣杜鹃（毛鹃）	杜鹃花	常绿灌木	褐斑病	*Pseudocercos pora handelii*（Bubak） Deighton	真菌性	雨季后	叶缘		
163	锦绣杜鹃（毛鹃）	杜鹃花	常绿灌木	日灼病		生理性	夏季持续高温干旱，暴露在阳光直射下	叶尖		**
164	锦绣杜鹃（毛鹃）	杜鹃花	常绿灌木	黑绒鳃金龟	*Serica orientalis* Motschulsky	食叶性	5月中下旬	嫩梢	1年1代	***
165	锦绣杜鹃（毛鹃）	杜鹃花	常绿灌木	杜鹃黑毛三节叶峰	*Arge similes*	食叶性	5月	叶缘	1年3代，老熟幼虫在浅土越冬	***
166	锦绣杜鹃（毛鹃）	杜鹃花	常绿灌木	尺蛾		食叶性	6月中下旬至7月	叶缘	多种，不详	**
167	锦绣杜鹃（毛鹃）	杜鹃花	常绿灌木	茶袋蛾	*Clania minuscula* Butler	食叶性	新梢停止生长	叶背	1年1代	**

序号	植物	科属	属性	病虫	拉丁名	类型	植物生长状态	危害位置	生活史	重要性
168	榉树	榆	落叶乔木	榉树斑蚜	*Tinocallis zelkawae*	刺吸性（蚜）	新叶	叶背	1年多代	***
169	榉树	榆	落叶乔木	桑白盾蚧	*Pseudaulacaspis pentagona*	刺吸性（蚧）	5月上中旬	枝干		***
170	乐昌含笑	木兰	常绿乔木	红蜡蚧	*Ceroplastes rubens*（Maskell）	刺吸性（蚧）	5月下旬产卵孵化，孵化期长	枝干	1年1代	***
171	乐昌含笑	木兰	常绿乔木	木蠹蛾	*Zeuzera coffeae* Nietner/ *Zeuzera pyrina*（Linnaeus）	钻蛀性（木蠹蛾）	4月开始活动，下旬化蛹	枝干	1年1代，老熟幼虫在被害枝干内越冬	**
172	李属（红叶李）	蔷薇	落叶小乔木	桃蚜/桃粉蚜	*Myzus persicae*（Sulzer）/ *Hyalopterus arundimis* Fabricius	刺吸性（蚜）	花后新叶	新梢新叶	1年多代	***
173	李属（红叶李）	蔷薇	落叶小乔木	桃红颈天牛	*Aromia bungii* Faldermann	钻蛀性（天牛）	5—9月成虫羽化	分枝点下	2~3年1代	***
174	李属（红叶李）	蔷薇	落叶小乔木	蔷薇科植物穿孔病	*Xanthomomas campestris* pv. *pruni*（Smith）Dye./ *Cercospora circumscissa* Sacc.	细菌/真菌	花后至梅雨前	叶面		*****
175	李属（红叶李）	蔷薇	落叶小乔木	朱砂叶螨	*Tetranychus cinnabarinus*	刺吸性（螨）	4月开始危害，7—8月严重	叶面	1年10多代，以受精雌成螨在土块、树皮缝隙越冬	***
176	李属（红叶李）	蔷薇	落叶小乔木	梨剑纹夜蛾	*Acronycta rumicis*	食叶性	6月上中旬	叶缘		***

序号	植物	科属	属性	病虫	拉丁名	类型	植物生长状态	危害位置	生活史	重要性
177	李属（红叶李）	蔷薇	落叶小乔木	小蜻蜓尺蛾	*Cystidia couaggaria*（Guenée,1860）	食叶性	新叶	叶缘	1年1代	**
178	李属（红叶李）	蔷薇	落叶小乔木	流胶		生理性	衰落树花后严重	主干		**
179	柳杉	柏	常绿乔木	赤枯病	*Cercospora sequoiae* Ell. et Ev.	真菌性	梅雨季后	叶尖		**
180	栾树（黄山栾树）	无患子	落叶乔木	栾多态毛蚜	*Periphyllus koelreuteria* Takahaxhi	刺吸性（蚜）	新梢新叶为重	新梢新叶	1年多代	*****
181	栾树（黄山栾树）	无患子	落叶乔木	星天牛/光肩星天牛	*Anoplophora chinensis*（Forster）/*Anoplophora glabripennis* Motschulsky	钻蛀性（天牛）	5月期成虫羽化	主干	1年1代	***
182	栾树（黄山栾树）	无患子	落叶乔木	黄刺蛾/丽绿刺蛾	*Cnidocampa flavescens*（Walker）/*Parasa lepida*（Cramer）	食叶性	6月中下旬	叶背	1年2代，以老熟幼虫在枝干、树干上结茧越冬	***
183	栾树（黄山栾树）	无患子	落叶乔木	木蠹蛾	*Zeuzera coffeae* Nietner/*Zeuzera pyrina*（Linnaeus）	钻蛀性（木蠹蛾）	4月开始活动，下旬化蛹	枝干	1年1代，老熟幼虫在被害枝干内越冬	****
184	罗汉松	罗汉松	常绿乔木	罗汉松新叶蚜	*Neophyllaphis podocarpi*	刺吸性（蚜）	4月底	新梢	1年多代	****
185	落羽杉	柏	落叶乔木	赤枯病	*Cercospora sequciae* Ell. et Ev.	真菌性	梅雨季后	叶尖		**
186	蔓长春花（花叶）	夹竹桃	地被草本	棉蚜	*Aphis gossypii* Glover	刺吸性（蚜）	新梢	嫩茎	1年多代	***

序号	植物	科属	属性	病虫	拉丁名	类型	植物生长状态	危害位置	生活史	重要性
187	木芙蓉	锦葵	落叶灌木	白粉病	*Sphaerotheca hibisicola*	真菌性	梅雨期	叶面		**
188	木芙蓉	锦葵	落叶灌木	扶桑绵粉蚧	*Phenacoccus solenopsis* Tinsley	刺吸性（蚧）	7月中下旬后发生严重	枝干	1年多代，以卵和低龄若虫在土中、植物根茎等处越冬	****
189	木芙蓉	锦葵	落叶灌木	超桥夜蛾	*Anomis fulvida* (Guenée)	食叶性	7月中下旬危害	叶片	1年5~6代	***
190	木芙蓉	锦葵	落叶灌木	棉大卷叶螟	*Sylepta derogata* Fabricius	食叶性	4月成虫羽化，卵期短	叶片	1年4代，以老熟幼虫在地面枯叶下越冬	****
191	木芙蓉	锦葵	落叶灌木	梨纹丽夜蛾	*Acontia transversa*	食叶性	6月中下旬	叶片		***
192	木瓜海棠	蔷薇	落叶乔木	桧柏－梨锈病	*Gynmosporangium asiaticum* Miyabe ex Yamada	真菌性	豆梨花后，展叶期雨水多时发生严重	叶背果		***
193	木瓜海棠	蔷薇	落叶乔木	桃红颈天牛	*Aromia bungii* Faldermann	钻蛀性（天牛）	5—9月成虫羽化	主干	2~3年1代	***
194	木瓜海棠	蔷薇	落叶乔木	绣线菊蚜	*Aphis citricola* Van der Goot	刺吸性（蚜）	新叶	新梢新叶	1年多代	***
195	木槿	锦葵	落叶灌木	扶桑绵粉蚧	*Phenacoccus solenopsis* Tinsley	刺吸性（蚧）	7月中下旬后发生严重	枝干	1年多代，以卵和低龄若虫在土中、植物根茎等处越冬	***
196	木槿	锦葵	落叶灌木	木槿沟基跳甲	*Sinocrepis obscurofasciata*	食叶性	5月中下旬新梢	叶面	1年4代	****

续表

序号	植物	科属	属性	病虫	拉丁名	类型	植物生长状态	危害位置	生活史	重要性
197	木槿	锦葵	落叶灌木	棉大卷叶螟	*Sylepta derogata* Fabricius	食叶性	4月成虫羽化，卵期短	叶片	1年4代，以老熟幼虫在地面枯叶越冬	****
198	木槿	锦葵	落叶灌木	超桥夜蛾/小造桥虫	*Anomis flava* (Fabricius)/*Anomis fulvida* (Guenée)	食叶性	6月中下旬危害重	叶片	1年多代	****
199	木槿	锦葵	落叶灌木	白粉病	*Sphaerotheca hibisicola*	真菌性	6月中下旬	叶片		***
200	木槿	锦葵	落叶灌木	棉蚜	*Aphis gossypii* Glover	刺吸性（蚜）	新梢	新梢新叶	1年多代	***
201	木樨（桂花）	木樨	常绿灌木/小乔木	小蜡绢须野螟/白蜡绢野螟	*Palpita nigropunctalis* (Bremer)/*Diaphania nigropunctalis*	食叶性	新梢新叶	新梢	1年3～4代	***
202	木樨（桂花）	木樨	常绿灌木/小乔木	茶袋蛾	*Clania minuscula* Butler	食叶性	新梢停止生长	叶背	1年1代	***
203	木樨（桂花）	木樨	常绿灌木/小乔木	黄刺蛾	*Cnidocampa flavescens* (Walker)	食叶性	6月上中旬成虫羽化	叶背	1年2代，老熟幼虫在枝干处结茧越冬	***
204	木樨（桂花）	木樨	常绿灌木/小乔木	黑蚱蝉	*Cryptotympana atrata* Fabricius	刺吸性（蝉）	5—6月间成虫产卵	枝干	多年1代，以若虫在土中吸食植物根系汁液，成虫枝干产卵致枯死	***
205	木樨（桂花）	木樨	常绿灌木/小乔木	桦粉虱	*Siphoninus phillyreae* (Haliday)	刺吸性（虱）	5月上旬若虫危害	叶背		***

续表

序号	植物	科属	属性	病虫	拉丁名	类型	植物生长状态	危害位置	生活史	重要性
206	木樨（桂花）	木樨	常绿灌木小乔木	柑橘全爪螨	*Panonchus citri* Mc Gregor	刺吸性（螨）	4—5月危害高峰期	叶背	世代重叠，多以卵在枝条缝隙处越冬	***
207	木樨（桂花）	木樨	常绿灌木小乔木	桂花枯斑病	*Phyllosticta osmanthicola*	真菌性	梅雨期	叶尖		**
208	女贞	木樨	常绿乔木	小蜡绢须野螟/白蜡绢野螟	*Palpita nigropunctalis* (Bremer)/ *Diaphania nigropunctalis*	食叶性	新梢新叶	新梢	1年3~4代	***
209	女贞	木樨	常绿乔木	白蜡蚧	*Ericerus pela* Chavannes	刺吸性（蚧）	4月中下旬	枝干	1年1代，以受精雌成虫在枝梢上越冬	***
210	泡桐	玄参	落叶乔木	泡桐丛枝病	MLO	类菌原体	长新梢	分枝		**
211	枇杷	蔷薇	常绿小乔木	枇杷黄毛虫	*Melanographia flexilineata* Hampson	食叶性	新叶	叶缘	1年3代	***
212	朴树	大麻	落叶乔木	日本草履蚧	*Drosicha corpulenta* (Kuwana)	刺吸性（蚧）	展叶期	主干	1年1代	**
213	朴树	大麻	落叶乔木	朴绵叶蚜（朴绵斑蚜）	*Shivaphis celti* Das	刺吸性（蚜）	新叶	叶背	1年多代	***
214	朴树	大麻	落叶乔木	浙江朴盾木虱	*Celtisaspis zhejiangana*	刺吸性（虱）	与朴绵叶蚜同期	叶背	1年1代，以卵在芽片内越冬	***
215	槭属	无患子	落叶乔木	星天牛/光肩星天牛	*Anoplophora chinensis* (Forster)/ *Anoplophora glabripennis* Motschulsky	钻蛀性（天牛）	5月成虫羽化	主干	1年1代	*****

续表

序号	植物	科属	属性	病虫	拉丁名	类型	植物生长状态	危害位置	生活史	重要性
216	槭属	无患子	落叶乔木	木蠹蛾	*Zeuzera coffeae* Nietner/ *Zeuzera pyrina* (Linnaeus)	钻蛀性（木蠹蛾）	4月开始活动，下旬化蛹	枝干	1年1代，老熟幼虫在被害枝干内越冬	*****
217	槭属	无患子	落叶小乔木	鸡爪槭锥头叶蝉	*Japananus meridionalis* Bonfils	刺吸性（蝉）	5月中下旬	叶片	不详	*****
218	槭属	无患子	落叶乔木	炭疽病	*Colletotrichum* sp.	真菌性	梅雨前	叶面		**
219	槭属	无患子	落叶乔木	日灼病		生理性	夏季持续高温干旱，暴露在阳光直射下	叶尖		**
220	蔷薇属	蔷薇	半常绿灌木	月季长管蚜	*Macrosiphum rosirvorum* Zhang	刺吸性（蚜）	花蕾前期	新梢新叶	1年多代	*****
221	蔷薇属	蔷薇	半常绿灌木	朱砂叶螨	*Tetranychus cinnabarinus*	刺吸性（螨）	4月开始危害，7—8月严重	叶面	1年10多代，以受精雌成螨在土块、树皮缝隙越冬	*****
222	蔷薇属	蔷薇	半常绿灌木	月季黑斑病	*Diplocarpon rosae* Wolf./ *Marssonina rosae* (LIB.) Dide.	真菌性	春花期	叶面		*****
223	蔷薇属	蔷薇	半常绿灌木	月季白粉病	*Sphaerotheca pannosa* (Wallr.) Lev.	真菌性	5月中下旬、6月初	叶面		**
224	蔷薇属	蔷薇	半常绿灌木	红带网纹蓟马	*Selenothrips rubrocinctus* (Giard)	锉吸性（蓟）	4月中下旬	叶面新梢	1年5~6代，以成虫、卵越冬	*****

序号	植物	科属	属性	病虫	拉丁名	类型	植物生长状态	危害位置	生活史	重要性
225	蔷薇属	蔷薇	半常绿灌木	月季三节叶蜂/玫瑰三节叶蜂	*Arge geei* Rohwer/*Arge pagana* Panzer	食叶性	5月上中旬危害	叶缘	1年2代,以老熟幼虫在土中结茧越冬	***
226	蔷薇属	蔷薇	半常绿灌木	拟蔷薇切叶蜂	*Megachile nipponica* Cockerell	食叶性	5月	叶缘	1年3代	***
227	蔷薇属	蔷薇	半常绿灌木	月季卷象	*Henicolabus* sp.	食叶性	4月下旬、5月上中旬	新叶	不详	***
228	蔷薇属	蔷薇	半常绿灌木	月季瘿蜂	*Diplolepis* sp.	刺吸性（蜂）	5月	叶面		**
229	蔷薇属	蔷薇	半常绿灌木	蔷薇瘿蚊	*Johnsonomyia* sp.	刺吸性（蚊）	6月中下旬梅雨季	叶面	多代	***
230	蔷薇属	蔷薇	半常绿灌木	月季茎蜂	*Neosyrista similis*	钻蛀性（茎蜂）	6月上中旬	嫩枝	不详	***
231	蔷薇属	蔷薇	半常绿灌木	玫瑰巾夜蛾	*Parallelia arctotaenia* Guenee	食叶性	5月中旬	花蕾	1年3代	***
232	蔷薇	蔷薇	半常绿灌木	丽绿刺蛾	*Parasa lepida* （Cramer）	食叶性	6月上中旬成虫羽化	叶背	1年2代,老熟幼虫在枝干处结茧越冬	***
233	蔷薇	蔷薇	半常绿灌木	中喙丽金龟	*Adoretus sinicus* Burmeister	食叶性	5月上中旬羽化	叶片	1年2代	***
234	日本珊瑚树	五福花	常绿灌木	褐斑病	*Pseudocercospora handelii*（Bubak）Deighton	真菌性	雨季后	叶缘		**
235	珊瑚树	五福花	常绿灌木	茶袋蛾	*Clania minuscula* Butler	食叶性	新梢停止生长	叶背	1年1代	***

续表

序号	植物	科属	属性	病虫	拉丁名	类型	植物生长状态	危害位置	生活史	重要性
236	日本珊瑚树	五福花	常绿灌木	丽绿刺蛾/扁刺蛾/枣奕刺蛾	*Parasa lepida*（Cramer）/*Thosea sinensis*	食叶性	6月中下旬	叶背	1年1代	***
237	日本珊瑚树	五福花	常绿灌木	荚蒾钩蛾/珊瑚树钩蛾/接骨木钩蛾	*Psiloreta pulchripes*（Butler）/*Psiloreta turpis*/*Psiloreta looch ooana*	食叶性	6月中下旬叶尖明显危害	叶尖	以蛹越冬	****
238	日本珊瑚树	五福花	常绿灌木	绣线菊蚜	*Aphis citricola* Van der Goot	刺吸性（蚜）	新叶	新梢叶背花	1年多代	***
239	日本珊瑚树	五福花	常绿灌木	红带网纹蓟马	*Selenothrips rubrocinctus*（Giard）	锉吸性（蓟）	6月中下旬	叶面	1年5~6代，以成虫卵越冬	****
240	日本珊瑚树	五福花	常绿灌木	黑绒鳃金龟	*Serica orientalis* Motschulsky	食叶性	5月中下旬	叶面	1年1代	**
241	日本珊瑚树	五福花	常绿灌木	木蠹蛾	*Zeuzera coffeae* Nietner/*Zeuzera pyrina*（Linnaeus）	钻蛀性（木蠹蛾）	4月开始活动，下旬化蛹	枝干	1年1代，老熟幼虫在被害枝干内越冬	***
242	沙梨（豆）	蔷薇	落叶乔木	桧柏—梨锈病	*Gynmosporangium asiaticum* Miyabe ex Yamada	真菌性	豆梨花后，展叶期雨水多时发生严重	叶背		**
243	沙梨（豆）	蔷薇	落叶乔木	梨冠网蝽	*Stephanotis nashi*（Esaki et Takeya）	刺吸性（蝽）	4月上旬，夏秋严重	叶背	1年4~5代，成虫在枯枝败叶中越冬	**
244	沙梨（豆）	蔷薇	落叶乔木	桃蚜/桃粉蚜	*Myzus persicae*（Sulzer）/*Hyalopterus arundimis* Fabricius	刺吸性（蚜）	新梢新叶	新梢新叶	1年多代	**

续表

序号	植物	科属	属性	病虫	拉丁名	类型	植物生长状态	危害位置	生活史	重要性
245	山茶属	山茶	常绿灌木	日灼病		生理性	夏季持续高温干旱,暴露在阳光直射下	叶面		**
246	山茶属	山茶	常绿灌木	茶梅疮痂病	*Monochaetia* sp.	真菌性	梅雨前	叶缘		**
247	山茶属	山茶	常绿灌木	山茶炭疽病	*Colletotrichum gloeosporioides* Penz	真菌性	梅雨前	叶面		**
248	山茶属	山茶	常绿灌木	山茶叶斑病	*Phyllosticta theicola* Petch/ *Macrophoma* sp.	真菌性	梅雨前	叶面		***
249	山茶属	山茶	常绿灌木	山茶二叉蚜	*Toxoptera aurantii* (Boyer de Fonscolombe)	刺吸性(蚜)	2—3月即开始	叶背	1年多代	***
250	山茶属	山茶	常绿灌木	茶丽纹象甲	*Myllocerinus aurolineatus* Voss	食叶性	新梢停止生长,5月中下旬	叶缘	1年1代	***
251	山麦冬属	天门冬	地被草本	炭疽病	*Colletotrichum* sp.	真菌性	梅雨前	叶面		**
252	山麦冬属	天门冬	地被草本	大灰象虫	*Sympiezomias velatus* (Chevrolat)	食叶性	6月中旬	叶缘		**
253	山麦冬属	天门冬	地被草本	蛴螬	*Holotrichia parallela* Motschulsky/ *Anomala corpulenta* Motschulsky	地下害虫	幼虫在3—4月土温升高后危害	根部	1年1代,以3龄幼虫在土壤中越冬	***
254	芍药	芍药	地被草本	芍药轮斑病	*Cereospora paeoniae* Tehon et Dan	真菌性	花后	叶面		**
255	十大功劳	小檗	常绿灌木	十大功劳白粉病	*Microsphaera* sp.	真菌性	4月中下旬	叶面		***

续表

序号	植物	科属	属性	病虫	拉丁名	类型	植物生长状态	危害位置	生活史	重要性
256	石榴	千屈菜	落叶乔木	石榴巾夜蛾	*Parallelia stuposa*	食叶性	4月上中旬羽化	叶片	1年2~5代，以蛹在寄主根部土壤中越冬	**
257	石榴	千屈菜	落叶乔木	黄刺蛾	*Cnidocampa flavescens* (Walker)	食叶性	6月中下旬	叶背	1年2代，以老熟幼虫在枝干、树干上结茧越冬	***
258	石榴	千屈菜	落叶乔木	棉蚜	*Aphis gossypii* Glover	刺吸性（蚜）	新梢	新梢	1年多代	***
259	柿	柿	落叶乔木	木蠹蛾	*Zeuzera coffeae* Nietner/ *Zeuzera pyrina* (Linnaeus)	钻蛀性（木蠹蛾）	4月开始活动，下旬化蛹	枝干	1年1代，老熟幼虫在被害枝干内越冬	**
260	柿	柿	落叶乔木	黄刺蛾	*Cnidocampa flavescens* (Walker)	食叶性	6月中下旬	叶背	1年2代，以老熟幼虫在枝干、树干上结茧越冬	***
261	蜀葵	锦葵	地被草本	棉大卷叶螟	*Sylepta derogata* Fabricius	食叶性	4月成虫羽化，卵期短	叶片	1年4代，以老熟幼虫在地面枯叶中越冬	****
262	水杉	柏	落叶乔木	小袋蛾	*Acanthopsyche* sp.	食叶性	秋梢停止生长后危害重（9、10月）	叶片	1年2代	***
263	水杉	柏	落叶乔木	小绿叶蝉	*Empoasca flavescens* (Fabricius)	刺吸性（蝉）	5月中下旬	叶面	1年多代	**
264	水杉	柏	落叶乔木	水杉小爪螨	*Oligonychus metasequoiae* Kuang	刺吸性（螨）	高温干旱迅速成灾	叶面		***

续表

序号	植物	科属	属性	病虫	拉丁名	类型	植物生长状态	危害位置	生活史	重要性
265	水杉	柏	落叶乔木	红带网纹蓟马	*Selenothrips rubrocinctus* (Giard)	锉吸性（蓟）	4月中下旬	叶面	1年5~6代，以成虫、卵越冬	***
266	水杉	柏	落叶乔木	赤枯病	*Cercospora sequciae* Ell. et Ev.	真菌性	梅雨季后	叶尖		**
267	丝棉木	卫矛	常绿乔木	丝棉木金星尺蛾	*Calospilos suspecta* Warren	食叶性	5月中下旬成虫羽化	叶缘	1年4代，以蛹在土壤中越冬	***
268	苏铁	苏铁	常绿灌木	曲纹紫灰蝶	*Chilades pandava*	食叶性		叶片		***
269	苏铁	苏铁	常绿灌木	苏铁负泥虫	*Lilioceris consentanea*	食叶性	新叶	叶片	1年4代	****
270	桃属	蔷薇	落叶乔木	小袋蛾	*Acanthopsyche* sp.	食叶性	秋梢停止生长后危害重（9、10月）	叶背	1年2代	***
271	桃属	蔷薇	落叶乔木	桃野螟蛾	*Conogethes punctiferalis* (Guenée)	钻蛀性（蛾）	6月中下旬	枝干果	1年4~5代	***
272	桃属	蔷薇	落叶乔木	桃蚜/桃粉蚜	*Myzus persicae* (Sulzer)/ *Hyalopterus arundimis* Fabricius	刺吸性（蚜）	花后新梢	新梢新叶	1年多代	***
273	桃属	蔷薇	落叶乔木	桃红颈天牛	*Aromia bungii* Faldermann	钻蛀性（天牛）	5—9月成虫羽化	分枝点下	2~3年1代	****
274	桃属	蔷薇	落叶乔木	梨冠网蝽	*Stephanotis nashi* (Esaki et Takeya)	刺吸性（蝽）	4月上旬，夏秋严重	叶背	1年4~5代，成虫在枯枝败叶中越冬	***
275	桃属	蔷薇	落叶乔木	小蜻蜓尺蛾	*Cystidia couaggaria* (Guenée, 1858)	食叶性	新叶	叶缘	1年1代	****

序号	植物	科属	属性	病虫	拉丁名	类型	植物生长状态	危害位置	生活史	重要性
276	桃属	蔷薇	落叶乔木	蔷薇科植物穿孔病	*Xanthomomas campestris pv. pruni*（Smith）Dye./*Cercospora circumscissa* Sacc.	细菌/真菌	花后至梅雨前	叶面		*****
277	桃属	蔷薇	落叶乔木	桃潜蛾	*Lyonetia clerkella*	食叶性	6月上旬	叶面	1年多代	***
278	桃属	蔷薇	落叶乔木	木蠹蛾	*Zeuzera coffeae* Nietner/*Zeuzera pyrina*（Linnaeus）	钻蛀性（木蠹蛾）	4月开始活动，下旬化蛹	枝干	1年1代，老熟幼虫在被害枝干内越冬	**
279	桃属	蔷薇	落叶乔木	桃一点（斑）叶蝉	*Singapora shinshana*	刺吸性（蝉）	若虫5月中下旬，7月、8-10月危害严重	叶背	1年6代，成虫在冬寄主龙柏等植物上越冬	***
280	桃属	蔷薇	落叶乔木	朱砂叶螨	*Tetranychus cinnabarinus*	刺吸性（螨）	4月开始危害，7—8月严重	叶背	1年10多代，以受精雌成螨在土块、树皮缝隙越冬	***
281	桃属	蔷薇	落叶乔木	桃缩叶病	*Taphrina deformans*（Berk.）Tul	真菌性	展叶期遇连续低温多雨天气	叶片	1年1次危害	***
282	桃属	蔷薇	落叶乔木	流胶		生理性	衰落树花后严重	枝干		**
283	桃叶珊瑚	丝樱花科	常绿灌木	日灼病		生理性	夏季持续高温干旱，上部暴露在阳光直射下	上部叶尖		**
284	帖梗海棠	蔷薇	半常绿灌木	桧柏-梨锈病	*Gynmosporangium asiaticum* Miyabe ex Yamada	真菌性	豆梨花后，展叶期雨水多时发生严重	叶片		***

续表

序号	植物	科属	属性	病虫	拉丁名	类型	植物生长状态	危害位置	生活史	重要性
285	帖梗海棠	蔷薇	半常绿灌木	日本龟蜡蚧	*Ceroplastes japonicas* Guaind	刺吸性（蚧）	5月下旬产卵孵化	叶面	1年1代	***
286	帖梗海棠	蔷薇	半常绿灌木	绣线菊蚜	*Aphis citricola* Van der Goot	刺吸性（蚜）	新梢新叶	新梢新叶	1年多代	***
287	卫矛	卫矛	落叶灌木	丝棉木金星尺蛾	*Calospilos suspecta* Warren	食叶性	5月中下旬成虫羽化	叶缘	1年4代，以蛹在土中越冬	***
288	卫矛	卫矛	落叶灌木	棉蚜	*Aphis gossypii* Glover	刺吸性（蚜）	新梢	新梢	1年多代	***
289	蚊母树	金缕梅	常绿灌木	红带网纹蓟马	*Selenothrips rubrocinctus* (Giard)	锉吸式（蓟）	9月严重	叶面	1年多代	***
290	蚊母树	金缕梅	常绿灌木	杭州新胸蚜（蚊母瘿瘤蚜）	*Neothoracaphis hangzhouenisi* Zhang	刺吸性（蚜）	新叶	新叶	生活史不详，苏州地区可见1年危害1次	***
291	乌桕	大戟	落叶乔木	乌桕黄毒蛾	*Euproctis bipunctapex* (Hampson, 1891)	食叶性	4月中下旬开始取食	叶片	1年2代，以老龄幼虫群集在树干向阳面凹陷处越冬	***
292	乌桕	大戟	落叶乔木	油桐尺蛾	*Buasra suppressaria* Guenee	食叶性	6月上旬	叶面	1年2~3代	***
293	乌桕	大戟	落叶乔木	杧果蚜	*Toxoptera odinae* (van der Goot)	刺吸性（蚜）	5月下旬、6月上中旬	花序	1年多代	***
294	乌桕	大戟	落叶乔木	红胸律点跳甲	*Bikasha collaris* (Baly, 1877)	食叶性	5月下旬、6月上中旬	叶面	不详	***
295	无患子	无患子	落叶乔木	无患子斑蚜	*Tinocallis insularis* Takahashi	刺吸性（蚜）	新叶展开	叶背	1年多代	****

序号	植物	科属	属性	病虫	拉丁名	类型	植物生长状态	危害位置	生活史	重要性
296	无患子	无患子	落叶乔木	星天牛/光肩星天牛	*Anoplophora chinensis*（Forster）/*Anoplophora glabripennis* Motschulsky	钻蛀性（天牛）	5 月成虫羽化	主干	1 年 1 代	****
297	无患子	无患子	落叶乔木	木蠹蛾	*Zeuzera coffeae* Nietner/*Zeuzera pyrina*（Linnaeus）	钻蛀性（木蠹蛾）	4 月开始活动，下旬化蛹	枝干	1 年 1 代，老熟幼虫在被害枝干内越冬	**
298	无患子	无患子	落叶乔木	黄刺蛾/丽绿刺蛾	*Cnidocampa flavescens*（Walker）/*Parasa lepida*（Cramer）	食叶性	6 月中下旬	叶背	1 年 2 代，以老熟幼虫在枝干、树干上结茧越冬	***
299	梧桐（青桐）	锦葵	落叶乔木	炭疽病	*Colletotrichum* sp.	真菌性	梅雨前	叶面		**
300	梧桐（青桐）	锦葵	落叶乔木	青桐木虱	*Thysanogyna limbata* Enderlein	刺吸性（虱）	4 月下旬孵化	叶片	1 年 2 代，以卵在枝干内越冬	***
301	五针松	松	常绿乔木	茶袋蛾	*Clania minuscula* Butler	食叶性	新梢停止生长	针叶	1 年 1 代	**
302	五针松	松	常绿乔木	浙江黑松叶蜂	*Nesodiprion zhejangensis* Zhou et Xiao	食叶性	9 月中下旬	叶片	1 年 3 代	***
303	西府海棠	蔷薇	落叶乔木	桃红颈天牛	*Aromia bungii* Faldermann	钻蛀性（天牛）	5—9 月成虫羽化	枝干	2～3 年 1 代	***
304	西府海棠	蔷薇	落叶乔木	梨冠网蝽	*Stephanotis nashi*（Esaki et Takeya）	刺吸性（蝽）	4 月上旬，夏秋严重	叶背	1 年 4～5 代，成虫在枯枝败叶中越冬	*****
305	西府海棠	蔷薇	落叶乔木	日本龟蜡蚧	*Ceroplastes japonicas* Guaind	刺吸性（蚧）	5 月下旬产卵孵化	叶面	1 年 1 代	***

序号	植物	科属	属性	病虫	拉丁名	类型	植物生长状态	危害位置	生活史	重要性
306	西府海棠	蔷薇	落叶乔木	小蜻蜓尺蛾	*Cystidia couaggaria* (Guenée, 1860)	食叶性	新叶	叶缘	1年1代	***
307	西府海棠	蔷薇	落叶乔木	木蠹蛾	*Zeuzera coffeae* Nietner/*Zeuzera pyrina* (Linnaeus)	钻蛀性（木蠹蛾）	4月开始活动，下旬化蛹	枝干	1年1代，老熟幼虫在被害枝干内越冬	**
308	西府海棠	蔷薇	落叶乔木	海棠褐斑病	*Cercospora* spp.	真菌性	梅雨期	叶面		***
309	喜树	蓝果树	落叶乔木	角斑病	*Cercospora camptothedcae* Tai	真菌性	梅雨后	叶面		**
310	喜树	蓝果树	落叶乔木	盗毒蛾	*Porthesia similis* (Fueszly)	食叶性	7月中旬	叶背	1年3代	***
311	香橼	芸香	常绿乔木	红蜡蚧	*Ceroplastes rubens* (Maskell)	刺吸性（蚧）	5月下旬产卵孵化，孵化期长	枝干	1年1代	***
312	香橼	芸香	常绿乔木	六星吉丁	*Chrysobothris succedana*	钻蛀性（吉丁）	5月成虫羽化	主干	1年1代，以幼虫越冬	***
313	香橼	芸香	常绿乔木	橘刺粉虱	*Aleurocanthus spiniferus* Quaintance	刺吸性（虱）	5月上旬若虫危害	叶背	1年3代，以4龄若虫在叶背越冬	***
314	香橼	芸香	常绿乔木	柑橘全爪螨	*Panonchus citri* Mc Gregor	刺吸性（螨）	4—5月危害高峰期	叶面	世代重叠，多以卵在枝条缝隙处越冬	***
315	香橼	芸香	常绿乔木	柑橘潜叶甲/柑橘叶潜蛾/柑橘恶性叶甲	*Podagricomela nigricollis* Chen/*Phyllccnistis citrella* Stainton/*Clitea metallica*	食叶性	4月上旬	叶面		***

续表

序号	植物	科属	属性	病虫	拉丁名	类型	植物生长状态	危害位置	生活史	重要性
316	小叶女贞	木樨	半常绿灌木	小袋蛾	*Acanthopsyche* sp.	食叶性	秋梢停止生长后危害重（9、10月）	叶背	1年2代	***
317	小叶女贞	木樨	半常绿灌木	金叶女贞黄环绢须野螟	*Palpita antulata*	食叶性	新梢新叶	新梢	1年3~4代	***
318	小叶女贞	木樨	半常绿灌木	女贞潜跳甲	*Argopistes tsekooni* Chen	食叶性	4月中旬成虫羽化	叶面	1年3代，以老熟幼虫在土壤中越冬	****
319	杏属	蔷薇	落叶乔木	桃蚜/桃粉蚜	*Myzus persicae* (Sulzer)/ *Hyalopterus arundimis* Fabricius	刺吸性（蚜）	花后新叶	新梢新叶	1年多代	****
320	杏属	蔷薇	落叶乔木	桃红颈天牛	*Aromia bungii* Faldermann	钻蛀性（天牛）	5—9月成虫羽化	分枝点下	2~3年1代	****
321	杏属	蔷薇	落叶乔木	蔷薇科植物穿孔病	*Xanthomomas campestris pv. pruni*（Smith）Dye./*Cercospora circumscissa* Sacc.	细菌/真菌	花后至梅雨前	叶面		***
322	杏属	蔷薇	落叶乔木	黑蚱蝉	*Cryptotympana atrata* Fabricius	刺吸性（蝉）	5—6月成虫产卵	枝干	多年1代，以若虫在土中吸食植物根系汁液，成虫在枝干产卵致其枯死	***
323	杏属	蔷薇	落叶乔木	桃一点（斑）叶蝉	*Singapora shinshana*	刺吸性（蝉）	若虫5月中下旬、7月、8—10月危害严重	叶背	1年6代，成虫在冬寄主龙柏等植物越冬	**

续表

序号	植物	科属	属性	病虫	拉丁名	类型	植物生长状态	危害位置	生活史	重要性
324	杏属	蔷薇	落叶乔木	丽绿刺蛾	*Parasa lepida* (Cramer)	食叶性	6月中下旬成虫羽化	叶背	1年2代,老熟幼虫在枝干处结茧越冬	***
325	绣球	绣球	半常绿灌木	炭疽病	*Colletotrichum gloeosporioides* Penz	真菌性	梅雨前	叶面		***
326	绣线菊属	蔷薇	半常绿灌木	绣线菊蚜	*Aphis citricola* Van der Goot	刺吸性(蚜)	新梢	新梢	1年多代	***
327	绣线菊属	蔷薇	半常绿灌木	月季三节叶峰/玫瑰三节叶峰	*Arge geei* Rohwer/*Arge pagana* Panzer	食叶性	5月中旬	叶缘	不详	***
328	萱草属	阿福花	地被草本	金针瘤蚜	*Myzus hemerocallis* Takahashi	刺吸性(蚜)	5月上旬大量危害	叶片、花	1年多代,以卵在根际越冬	***
329	旋花	旋花	缠绕草本	旋花麦蛾	*Brachmia macroscopa*	食叶性	6月上中旬	叶花		***
330	悬铃木	悬铃木	落叶乔木	小袋蛾	*Acanthopsyche* sp.	食叶性	秋梢停止生长后危害重(9、10月)	叶背	1年2代	****
331	悬铃木	悬铃木	落叶乔木	星天牛/光肩星天牛	*Anoplophora chinensis* (Forster)/*Anoplophora glabripennis* Motschulsky	钻蛀性(天牛)	5月成虫羽化	主干	1年1代	***
332	悬铃木	悬铃木	落叶乔木	日本龟蜡蚧	*Ceroplastes japonicas* Guaind	刺吸性(蚧)	5月下旬产卵孵化	叶面	1年1代	***
333	悬铃木	悬铃木	落叶乔木	悬铃木方翅网蝽	*Corythucha ciliata* (Say)	刺吸性(蝽)	4月下旬活动	叶背	1年5代,成虫在树皮或缝隙内越冬	*****

序号	植物	科属	属性	病虫	拉丁名	类型	植物生长状态	危害位置	生活史	重要性
334	悬铃木	悬铃木	落叶乔木	丽绿刺蛾/扁刺蛾	*Parasa lepida* （Cramer）/ *Thosea sinensis*	食叶性	6月中下旬	叶背		***
335	悬铃木	悬铃木	落叶乔木	悬铃木白粉病	*Erysiphe platani*	真菌性	梅雨前	叶面新梢		***
336	雪松	松	常绿乔木	茶袋蛾	*Clania minuscula* Butler	食叶性	新梢停止生长	叶	1年1代	**
337	雪松	松	常绿乔木	日本单蜕盾蚧	*Fiorinia japonica*	刺吸性（蚧）	8月	叶		***
338	雪松	松	常绿乔木	松红蜡蚧	*Ceroplastes rubens minor* （Maskell）	刺吸性（蚧）	5月下旬产卵孵化，孵化期长	枝干	1年1代	***
339	杨树	杨柳	落叶乔木	分月扇舟蛾	*Clostera anastomosis* （Linnaeus, 1757）	食叶性	4月上旬越冬卵孵化	叶片	1年6~7代，以卵枝干上越冬	***
340	杨树	杨柳	落叶乔木	杨柄叶瘿绵蚜	*Pemphigus matsumurai* Monzen	刺吸性（蚜）	展叶后	叶柄	1年多代	*
341	野迎春（云南黄馨）	木樨	常绿藤本	黄馨枝枯病	*Pestalotia versicolor* Speg. var. *polygoni* Ell. et Langl	真菌性	梅雨前	枝		
342	野迎春（云南黄馨）	木樨	常绿藤本	炭疽病	*Colletotrichum* sp.	真菌性	梅雨前	叶片		
343	银杏	银杏	落叶乔木	银杏超小卷蛾	*Pammene ginkgoicola* Liu	钻蛀性（蛾）	4月上中旬成虫羽化	短枝新梢	1年1代，以蛹越冬	****
344	银杏	银杏	落叶乔木	茶黄硬蓟马	*Scirtothrips dorsalis* Hood assam thrips, chillic thrips	锉吸性（蓟）	7月上中旬	叶面	1年4代	***

续表

序号	植物	科属	属性	病虫	拉丁名	类型	植物生长状态	危害位置	生活史	重要性
345	银杏	银杏	落叶乔木	丽绿刺蛾/扁刺蛾	*Parasa lepida*（Cramer）/*Thosea sinensis*	食叶性	6月中下旬	叶背	1年2代，以老熟幼虫在浅土层中结茧越冬	***
346	樱属	蔷薇	落叶乔木	小袋蛾/大袋蛾	*Acanthopsyche* sp./*Clania vartegata* Snellen	食叶性	6月	叶背	1年2代/1年1代	**
347	樱属	蔷薇	落叶乔木	桃蚜/桃粉蚜	*Myzus persicae*（Sulzer）/*Hyalopterus arundimis* Fabricius	刺吸性（蚜）	花后新叶	新梢	1年多代	***
348	樱属	蔷薇	落叶乔木	日本草履蚧	*Drosicha corpulenta*（Kuwana）	刺吸性（蚧）	萌芽展叶期	主干	1年1代	**
349	樱属	蔷薇	落叶乔木	星天牛/光肩星天牛	*Anoplophora chinensis*（Forster）/*Anoplophora glabripennis* Motschulsky	钻蛀性（天牛）	5月成虫羽化	主干	1年1代	***
350	樱属	蔷薇	落叶乔木	桃红颈天牛	*Aromia bungii* Faldermann	钻蛀性（天牛）	5—9月成虫羽化	分枝点下	2~3年1代	*****
351	樱属	蔷薇	落叶乔木	梨冠网蝽	*Stephanotis nashi*（Esaki et Takeya）	刺吸性（蝽）	4月上中旬，夏秋严重	叶背	1年4~5代，成虫在枯枝败叶中越冬	***
352	樱属	蔷薇	落叶乔木	切叶象	*Aderorhinus crioceroides*	食叶性	4月上中旬	叶柄	1年1代	*****
353	樱属	蔷薇	落叶乔木	小蜻蜓尺蛾	*Cystidia couaggaria*（Guenée，1859）	食叶性	新叶	叶缘	1年1代	**

序号	植物	科属	属性	病虫	拉丁名	类型	植物生长状态	危害位置	生活史	重要性
354	樱属	蔷薇	落叶乔木	蔷薇科植物穿孔病	*Xanthomomas campestris pv. pruni*（Smith）Dye./*Cercospora circumscissa* Sacc.	细菌/真菌	花后至梅雨前	叶面		*****
355	樱属	蔷薇	落叶乔木	棉褐带卷蛾	*Adoxophyes orana*	食叶性	6月中旬	叶片	1年4代	**
356	樱属	蔷薇	落叶乔木	丽绿刺蛾	*Parasa lepida*（Cramer）	食叶性	6月上中旬成虫羽化	叶背	1年2代,老熟幼虫在枝干处结茧越冬	***
357	樱属	蔷薇	落叶乔木	木蠹蛾	*Zeuzera coffeae* Nietner/*Zeuzera pyrina*（Linnaeus）	钻蛀性（木蠹蛾）	4月开始活动,下旬化蛹	枝干	1年1代,老熟幼虫在被害枝干内越冬	**
358	樱属	蔷薇	落叶乔木	黑蚱蝉	*Cryptotympana atrata* Fabricius	刺吸性（蝉）	7月中下旬成虫产卵	枝干	多年1代,以若虫在土中吸食植物根系汁液,成虫枝干产卵致枯死	***
359	樱属	蔷薇	落叶乔木	暗黑鳃/铜绿丽/白星花金龟	*Holotrichia parallela* Motschulsky/*Anomala corpulenta* Motschulsky/*Protaetia*（Liocola）*brevitarsis*（Lewis）	食叶性	7月中旬	叶片	1年1代	***
360	樱属	蔷薇	落叶乔木	朱砂叶螨	*Tetranychus cinnabarinus*	刺吸性（螨）	4月开始危害,7—8月严重	叶背	1年10多代,以受精雌成螨在土块、树皮缝隙越冬	***

续表

序号	植物	科属	属性	病虫	拉丁名	类型	植物生长状态	危害位置	生活史	重要性
361	樱属	蔷薇	落叶乔木	根癌（冠瘿病）	*Agrobacterium tumefactions*	细菌性	土壤潮湿、板结、偏碱易发	根部		***
362	樱属	蔷薇	落叶乔木	梨小食心虫	*Grapholitha molesta* （Busck）	钻蛀性（蛾）	6月新梢危害严重	枝干	1年5代，老熟幼虫越冬	***
363	玉兰属	木兰	落叶乔木	黑色枝小蠹	*Xylosandrus compactus*	钻蛀性（小蠹）	当年生小枝条	新枝		***
364	玉兰属	木兰	落叶乔木	木蠹蛾	*Zeuzera coffeae* Nietner/ *Zeuzera pyrina* （Linnaeus）	钻蛀性（木蠹蛾）	4月开始活动，下旬化蛹	枝干	1年1代，老熟幼虫在被害枝干内越冬	**
365	枣	鼠李	落叶乔木	枣丛枝病	MLO	类菌原体		分枝		**
366	枣	鼠李	落叶乔木	枣刺蛾	*Iragoides conjuncta* （Walker）	食叶性	6月底至7月上旬	叶背		***
367	柞木	杨柳	常绿乔木	分月扇舟蛾	*Clostera anastomosis* （Linnaeus, 1757）	食叶性	4月中下旬见危害	叶片	1年6~7代，以卵在枝干上越冬	***
368	樟	樟	常绿乔木	樟巢螟	*Orthaga achatina*	食叶性	6月中下旬第一代幼虫危害	叶片	1年2代，少数3代，老熟幼虫越冬，6月中旬至10月	*****
369	樟	樟	常绿乔木	樟个木虱	*Trioza camphorae* Sasaki	刺吸性（虱）	4月上中旬若虫危害	叶片	1年3代，以若虫在叶背越冬	***

续表

序号	植物	科属	属性	病虫	拉丁名	类型	植物生长状态	危害位置	生活史	重要性
370	樟	樟	常绿乔木	黑刺粉虱	*Aleurocanthus spiniferus* Quaintance	刺吸性（虱）	5月上旬若虫危害	叶背	1年3代，以4龄若虫在叶背越冬	****
371	樟	樟	常绿乔木	石榴（樟）小爪螨	*Oligonychus punicae*（Hirst）	刺吸性（螨）	高温干旱期发生严重	叶面	1年多代	*****
372	樟	樟	常绿乔木	樟叶蜂	*Mesonura rufonota* Rohwer	食叶性	5月上旬	叶缘	1年3代	***
373	樟	樟	常绿乔木	日本壶链蚧（藤壶蚧）	*Asterococcus muratae* Kuwana	刺吸性（蚧）	以广玉兰叶、花苞即将开裂未脱落为孵化盛期	枝干	1年1代	***
374	樟	樟	常绿乔木	盾蚧	*Pinnaspis buxi*	刺吸性（蚧）	5月下旬产卵孵化，孵化期长	叶面	1年2代	***
375	樟	樟	常绿乔木	小袋蛾/白囊袋蛾	*Acanthopsyche* sp. /*Chalioides kondonis* Mats	食叶性	5月下旬至6月，入秋严重	叶背	1年1代一年2代	****
376	樟	樟	常绿乔木	樟潜叶细蛾	*Acrocercops ordinatalla*	食叶性	花期	叶面		***
377	樟	樟	常绿乔木	黑翅大白蚁黄（黑）胸散白蚁	*Reticulitermes flaviceps*/*Reticulitermes chinensis*	钻蛀性（蚁）	生长期活跃	主干		**
378	樟	樟	常绿乔木	丽绿刺蛾/扁刺蛾	*Parasa lepida*（Cramer）/*Thosea sinensis*	食叶性	6月中下旬	叶背	1年2代	***
379	樟	樟	常绿乔木	黄化病		生理性		叶片		**

序号	植物	科属	属性	病虫	拉丁名	类型	植物生长状态	危害位置	生活史	重要性
380	樟	樟	常绿乔木	樟（颈）曼盲蝽	*Mansoniella cinnamomi* Zheng et Liu	刺吸性（蝽）	与黑刺粉虱、樟脊冠网蝽混合危害	叶背	1年3~4代，以卵在枝柄树皮内越冬	****
381	樟	樟	常绿乔木	樟脊冠网蝽	*Stephanitis macaona* Drake	刺吸性（蝽）	5月上中旬	叶背	1年4~5代，以卵越冬	****
382	樟	樟	常绿乔木	红带网纹蓟马	*Selenothrips rubrocinctus* (Giard)	锉吸性（蓟）	4月中下旬	叶面	1年5~6代，以成虫卵越冬	***
383	樟	樟	常绿乔木	樟青凤蝶	*Graphium sarpedon* Linnaeue	食叶性	花后	叶片	1年2~3代	
384	樟	樟	常绿乔木	樟三角尺蛾	*Trigonoptila latimarginaria* (Leech)	食叶性	花后	叶片	1年数代	**
385	樟	樟	常绿乔木	樟翠尺蛾	*Thalassodes quadraria* Guenée	食叶性	花后，入冬后仍见成虫	叶片	1年2~3代	**
386	栀子花（狭叶）	茜草	常绿灌木	棉蚜	*Aphis gossypii* Glover	刺吸性（蚜）	新梢	新梢	1年多代	***
387	栀子花（狭叶）	茜草	常绿灌木	红蜡蚧	*Ceroplastes rubens* (Maskell)	刺吸性（蚧）	5月下旬产卵孵化，孵化期长	枝干	1年1代	***
388	栀子花（狭叶）	茜草	常绿灌木	黄胸蓟马	*Thrips tabaci* Lindeman	锉吸性（蓟）	花期	叶花	1年多代	**
389	栀子花（狭叶）	茜草	常绿灌木	茶长卷蛾	*Homona magnanima*	食叶性	新梢	叶片	1年4代	***
390	栀子花（狭叶）	茜草	常绿灌木	咖啡透翅天蛾	*Cephonodes hylas*	食叶性	花期秋季暴食	叶片	1年2代	***
391	栀子花（狭叶）	茜草	常绿灌木	黄化病		生理性		叶片		**

续表

序号	植物	科属	属性	病虫	拉丁名	类型	植物生长状态	危害位置	生活史	重要性
392	重阳木	叶下珠	落叶乔木	小袋蛾	*Acanthopsyche* sp.	食叶性	秋梢停止生长后危害重（9、10月）	叶背	1年2代	****
393	重阳木	叶下珠	落叶乔木	日本龟蜡蚧	*Ceroplastes japonicas* Guaind	刺吸性（蚧）	5月下旬产卵孵化	叶面	1年1代	**
394	重阳木	叶下珠	落叶乔木	重阳木帆锦斑蛾	*Histia rhodope* Cramer	食叶性	5月中下旬	叶面	1年3~4代，以老熟幼虫在树皮缝隙等处越冬	*****
395	重阳木	叶下珠	落叶乔木	木蠹蛾	*Zeuzera coffeae* Nietner/*Zeuzera pyrina* (Linnaeus)	钻蛀性（木蠹蛾）	4月开始活动，下旬化蛹	枝干	1年1代，老熟幼虫在被害枝干内越冬	**
396	重阳木	叶下珠	落叶乔木	棉蚜	*Aphis gossypii* Glover	刺吸性（蚜）	新梢	新梢	1年多代	**
397	重阳木	叶下珠	落叶乔木	丛枝病	*Phytoplasma* sp.	植原体	萌芽展叶	分枝		**
398	紫荆（巨）	豆	落叶灌木	木蠹蛾	*Zeuzera coffeae* Nietner/*Zeuzera pyrina* (Linnaeus)	钻蛀性（木蠹蛾）	4月开始活动，下旬化蛹	枝干	1年1代，老熟幼虫在被害枝干内越冬	**
399	紫荆（巨）	豆	落叶灌木	丽绿刺蛾	*Parasa lepida* (Cramer)	食叶性	6月上中旬成虫羽化	叶背	1年2代，老熟幼虫在枝干处结茧越冬	***
400	紫荆（巨）	豆	落叶灌木	黑蚱蝉	*Cryptotympana atrata* Fabricius	刺吸性（蝉）	5—6月间成虫产卵	枝干	多年1代，以若虫在土壤中吸食植物根系汁液，成虫枝干产卵致枯死	***

序号	植物	科属	属性	病虫	拉丁名	类型	植物生长状态	危害位置	生活史	重要性
401	紫荆（巨）	豆	落叶灌木	角斑病	*Cercospora chionea* Ell. et Ev/*Cercospora cercidicola* Ell.	真菌性	梅雨季后	叶面		**
402	紫荆（巨）	豆	落叶灌木	星天牛/光肩星天牛	*Anoplophora chinensis* (Forster)/*Anoplophora glabripennis* Motschulsky	钻蛀性（天牛）	5月期成虫羽化	枝干	1年1代	***
403	紫藤	豆	落叶藤本	紫藤否蚜	*Aulacophoroides hoffmanni* (Takahashi)	刺吸性（蚜）	荫蔽处嫩梢,6月中下严重	新梢	1年多代	**
404	紫薇	千屈菜	落叶小乔木	紫薇梨象	*Pseudorobitis gibbus* Redtenbacher	食叶性	4月中上旬	嫩梢、花果	1年1代	*****
405	紫薇	千屈菜	落叶小乔木	紫薇长斑蚜	*Tinocallis kahawaluokalani* (Kirkaldy)	刺吸性（蚜）	新叶,5月上旬	叶背	1年10多代	***
406	紫薇	千屈菜	落叶小乔木	紫薇白粉病	*Uncinuliella australiana*/*Sphaerotheca pannosa* (Wallr.) Lev.	真菌性	梅雨前	叶面新梢		*****
407	紫薇	千屈菜	落叶小乔木	梨剑纹夜蛾	*Acronycta rumicis*	食叶性	6月	叶片	1年2代	***
408	紫薇	千屈菜	落叶小乔木	小袋蛾	*Acanthopsyche* sp.	食叶性	秋梢停止生长后危害重（9、10月）	叶背	1年2代	****
409	紫薇	千屈菜	落叶小乔木	紫薇绒蚧	*Eriococcus legerstroemiae* Kuwana	刺吸性（蚧）	3月中下旬卵孵化	枝干	1年3代,以成虫越冬,以雌成虫和若虫在芽腋、叶片、枝条处刺吸危害	****

续表

序号	植物	科属	属性	病虫	拉丁名	类型	植物生长状态	危害位置	生活史	重要性
410	朱顶红	石蒜	地被草本	同型巴蜗牛/灰巴蜗牛	*Bradybaena similaris*（Ferussac）/*Bradybaena ravida*（Benson）	软体动物	雨后	叶片	1年1代	**
411	诸葛菜	十字花	地被草本	短额负蝗	*Atractomorpha sinensis* Bolivar	食叶性	春秋两季重	叶片	1年2代	***

附录二

园林植物常见有害生物用药一览表

序号	农药	商品名	类型	防治对象	使用	作用	毒性	备注
1	波尔多液	碱式硫酸铜	杀真菌剂	霜霉病、炭疽病	0.5%半量式	保护	低毒	桃李杏梅及对铜离子敏感植物
2	石硫合剂	菌根	杀真菌剂、兼杀蚧、螨剂		45%水剂150倍	保护、治疗	低毒	
3	井冈霉素	井冈霉素	抗菌剂	纹枯病、白绢病	8%水剂1 000倍	内吸	低毒	
4	链霉素	农用硫酸链霉素	抗细菌剂	细菌	72%可溶性粉剂2 000倍		低毒	
5	代森锰锌	大生	杀真菌剂	炭疽病、褐斑病	70%可湿性粉剂500倍	保护	低毒	
6	多菌灵	枯萎立克	杀真菌剂	炭疽病、褐斑病	50%可湿性粉剂500倍	内吸、保护、治疗	低毒	
7	百菌清	达科宁	杀真菌剂	灰霉病、霜霉病	75%可湿性粉剂800倍	保护、预防	低毒	
8	三唑酮	粉锈宁	杀真菌剂	白粉病、锈病	15%可湿性粉剂4 000倍	内吸	低毒	浓度过高时有药害
9	烯唑醇	力克菌	杀真菌剂	白粉病、锈病、叶枯病、褐斑病	12.5%可湿性粉剂3 000倍	保护、治疗、铲除、内吸、传导	低毒	
10	甲基硫菌灵	甲基托布津	杀真菌剂	锈病、白粉病、菌核病、炭疽病	70%可湿性粉剂800倍	内吸、预防、治疗	低毒	
11	苯醚甲环唑	世高	抑菌剂	黑星病、炭疽病	10%水分散粒剂2 500~3 000倍	内吸	低毒	

序号	农药	商品名	类型	防治对象	使用	作用	毒性	备注
12	氢氧化铜	可杀得	杀细菌剂	溃疡病、角斑病	77%可湿性粉剂500倍	保护	低毒	
13	异菌脲	扑海因	杀真菌剂	菌核病、叶斑病、灰霉病	50%可湿性粉剂500倍	保护	低毒	
14	嘧菌酯	阿米西达	杀真菌剂	对大部分真菌病菌有极强活性	25%悬浮剂1 500～2 000倍	免疫	低毒	
15	噻菌铜	龙克菌	杀细菌、真菌剂	叶斑病、炭疽病、角斑病	7.2%悬浮剂500倍	内吸、治疗、保护	低毒	
16	苦参碱		杀食叶性	鳞翅目	0.36%水剂1 000倍	触杀、胃毒	低毒	
17	烟碱		杀食叶性	鳞翅目	10%水剂1 000倍	触杀	低毒	
18	苏云金杆菌BT		杀食叶性	鳞翅目	8 000IU/mg可湿性粉剂600～800倍	肠道毒素	无毒	
19	阿维菌素		杀螨剂	螨类	1.8%乳油2 000倍	胃毒、触杀	高毒	
20	灭幼脲		杀食叶性	鳞翅目	25%悬浮剂2 000倍	胃毒、触杀	低毒	几丁质合成酶抑制剂
21	氟虫脲	卡死克	杀螨剂	螨类	5%分散性液剂2 000倍	触杀、胃毒		
22	氟虫腈	锐劲特	杀刺吸性、食叶性	蚜虫、叶蝉、鳞翅目	5%悬浮剂1 000倍	胃毒	中等	
23	定虫隆	抑太保	杀食叶性	鳞翅目		胃毒	低毒	
24	阿克泰	阿克泰	杀刺吸性	蚜虫、蓟马、虱		触杀、胃毒、内吸	低毒	

续表

序号	农药	商品名	类型	防治对象	使用	作用	毒性	备注
25	啶虫脒	吡虫清	杀蚜	各类蚜虫	20%可溶性粉剂3 000倍	触杀、胃毒,渗透	中等	
26	蚍虫啉	艾美乐	杀刺吸性	蚜、虱、蝉、蓟马、蚧(螨除外)	10%可湿性粉剂2 000倍	内吸、胃毒、触杀	低毒	
27	噻虫嗪		杀刺吸性	蚜、虱、蝉、蓟马、蚧(螨除外)	25%水分散粒剂4 000倍	胃毒、触杀、内吸	低毒	
28	氰戊菊酯	速灭杀丁	杀食叶性	鳞翅目	20%乳油2 000倍	触杀、胃毒	中等	
29	溴氰菊酯	敌杀死	杀食叶性	鳞翅目,兼治蚜虫	2.5%乳油1 000～1 500倍	触杀、胃毒	中等	
30	高效氯氰菊酯		杀食叶性	鳞翅目	4.5%乳油1 500～2 500倍	触杀、胃毒	中等	
31	氯氰菊酯	绿色威雷	杀天牛成虫		常规300～400倍	触杀、胃毒	低毒	
32	毒死蜱	乐斯本、毒丝本	杀食叶性	鳞翅目,兼防地下害虫	40%乳油400～500倍	触杀、胃毒、熏蒸	中等	
33	辛硫磷		杀食叶性	鳞翅目,兼防地下害虫		触杀、胃毒	低毒	
34	哒螨灵	杀螨特	杀螨剂	螨类	15%乳油3 000倍	触杀	低毒	
35	炔螨特	克螨特	杀螨剂	螨类	73%乳油2 000倍	触杀、胃毒	低毒	
36	四聚乙醛	密达	杀螺剂	同型巴蜗牛、灰巴蜗牛、蛞蝓	6%颗粒剂500g/亩		中等	

附录三

园林绿地中常见杂草归类表

序号	植物名	科	拉丁名	分类	植物形态	生境	繁殖方式	危害程度
1	早熟禾	禾本	*Poa annua*	越冬草	低矮草本	湿生	种子	*****
2	白顶早熟禾	禾本	*Poa acroleuca*	越冬草	低矮草本	湿生	种子	*****
3	野燕麦	禾本	*Avena fatua*	越冬草	高大草质	旱生	种子	***
4	看麦娘	禾本	*Alopecurus aequalis*	越冬草	低矮草本	湿生	种子	*****
5	鼠茅	禾本	*Vulpia myuros*	越冬草	中型草本	旱生	种子	****
6	刺儿菜（小蓟）	菊	*Cirsium arvense var. integrifolium*	越冬草	高大草质	旱生	种子	****
7	毛连菜	菊	*Picris hieracioides*	越冬草	高大草质	旱生	种子	***
8	一年蓬	菊	*Erigeron annuus*	越冬草	亚灌木状	旱生	种子	****
9	荔枝草	唇形	*Salvia plebeia*	越冬草	中型草本	旱生	种子	****
10	宝盖草	唇形	*Lamium amplexicaule*	越冬草	低矮草本	旱生	种子	****
11	益母草	唇形	*Leonurus japonicus*	越冬草	亚灌木状	旱生	种子	***
12	救荒野豌豆（大巢菜）	豆	*Vicia sativa*	越冬草	低矮蔓生草本	旱生	种子	****
13	小巢菜	豆	*Vicia hirsuta*	越冬草	低矮蔓生草本	旱生	种子	***
14	漆姑草	石竹	*Sagina japonica*	越冬草	低矮草本	旱生	种子	****
15	球序卷耳	石竹	*Cerastium glomeratum*	越冬草	低矮草本	旱生	种子	*****
16	繁缕	石竹	*Stellaria media*	越冬草	低矮草本	湿生	种子	***
17	无心菜	石竹	*Arenaria serpyllifolia*	越冬草	低矮草本	旱生	种子	****
18	婆婆纳	车前	*Veronica polita*	越冬草	匍匐草本	旱生	种子	***
19	直立婆婆纳	车前	*Veronica arvensis*	越冬草	低矮草本	旱生	种子	*****
20	车前	车前	*Plantago asiatica*	越冬草	低矮草本	旱生	种子	****
21	北美车前	车前	*Plantago virginica*	越冬草	低矮草本	旱生	种子	*****
22	泽漆	大戟	*Euphorbia helioscopia*	越冬草	低矮草本	旱生	种子	***

序号	植物名	科	拉丁名	分类	植物形态	生境	繁殖方式	危害程度
23	蔊菜	十字花	*Rorippa indica*	越冬草	低矮草本	旱生	种子	***
24	荠	十字花	*Capsella bursa - pastoris*	越冬草	低矮草本	旱生	种子	***
25	碎米荠	十字花	*Cardamine hirsuta*	越冬草	低矮草本	旱生	种子	****
26	弯曲碎米荠	十字花	*Cardamine flexuosa*	越冬草	低矮草本	旱生	种子	****
27	臭独行菜	十字花	*Lepidium didymum*	越冬草	中型草本	旱生	种子	****
28	猪殃殃	茜草	*Galium spurium*	越冬草	低矮草本	旱生	种子	*****
29	泽珍珠菜	报春花	*Lysimachia candida*	越冬草	低矮草本	湿生	种子	***
30	附地菜	紫草	*Trigonotis peduncularis*	越冬草	低矮草本	旱生	种子	****
31	盾果草	紫草	*Thyrocarpus sampsonii*	越冬草	低矮草本	旱生	种子	****
32	细叶旱芹	伞形	*Cyclospermum leptophyllum*	越冬草	低矮草本	湿生	种子	****
33	蛇床（野胡萝卜）	伞形	*Cnidium monnieri*	越冬草	中型草本	旱生	种子	***
34	野老鹳草	牻牛儿	*Geranium carolinianum*	越冬草	中型草本	旱生	种子	****
35	马唐	禾本	*Digitaria sanguinalis*	当年草	低矮草本	旱生	种子	*****
36	升马唐	禾本	*Digitaria ciliaris*	当年草	低矮草本	旱生	种子	*****
37	止血马唐	禾本	*Digitaria ischaemum*	当年草	低矮草本	旱生	种子	*****
38	紫马唐	禾本	*Digitaria violascens*	当年草	低矮草本	旱生	种子	*****
39	牛筋草	禾本	*Eleusine indica*	当年草	低矮草本	旱生	种子	*****
40	荩草	禾本	*Arthraxon hispidus*	当年草	低矮草本	旱生	种子	***
41	虮子草	禾本	*Leptochloa panicea*	当年草	低矮草本	旱生	种子	****
42	狗尾草	禾本	*Setaria viridis*	当年草	低矮草本	旱生	种子	*****
43	大狗尾草	禾本	*Setaria faberi*	当年草	中型草本	旱生	种子	****
44	金色狗尾草	禾本	*Setaria pumila*	当年草	中型草本	旱生	种子	****
45	棒头草	禾本	*Polypogon fugax*	当年草	低矮草本	旱生	种子	****
46	茵草	禾本	*Beckmannia syzigachne*	当年草	低矮草本	湿生	种子	***

续表

序号	植物名	科	拉丁名	分类	植物形态	生境	繁殖方式	危害程度
47	硬草	禾本	*Sclerochloa dura*	当年草	低矮草本	旱生	种子	****
48	长芒稗	禾本	*Echinochloa caudata*	当年草	中型草本	旱生	种子	****
49	光头稗	禾本	*Echinochloa colona*	当年草	中型草本	旱生	种子	*****
50	藜	苋	*Chenopodium album*	当年草	亚灌木状	旱生	种子	****
51	凹头苋	苋	*Amaranthus blitum*	当年草	中型草本	旱生	种子	****
52	反枝苋	苋	*Amaranthus retroflexus*	当年草	亚灌木状	旱生	种子	****
53	铁苋菜	大戟	*Acalypha australis*	当年草	中型草本	旱生	种子	*****
54	地锦草	大戟	*Euphorbia humifusa*	当年草	匍匐草本	旱生	种子	*****
55	千根草	大戟	*Euphorbia thymifolia*	当年草	匍匐草本	旱生	种子	*****
56	斑地锦	大戟	*Euphorbia maculata*	当年草	匍匐草本	旱生	种子	*****
57	通奶草	大戟	*Euphorbia hypericifolia*	当年草	低矮草本	旱生	种子	***
58	紫斑大戟	大戟	*Euphorbia hyssopifolia*	当年草	低矮草本	旱生	种子	***
59	萹蓄	蓼	*Polygonum aviculare*	当年草	低矮草本	旱生	种子	***
60	酸模叶蓼	蓼	*Polygonum lapathifolium*	当年草	低矮草本	旱生	种子	***
61	齿果酸模	蓼	*Rumex dentatus*	当年草	中型草本	旱生	种子	***
62	杠板归	蓼	*Polygonum perfoliatum*	当年草	草质藤本	旱生	种子	***
63	打碗花	旋花	*Calystegia hederacea*	当年草	草质藤本	旱生	种子	*****
64	菟丝子	旋花	*Cuscuta chinensis*	当年草	草质藤本	寄生	种子	*****
65	水莎草	莎草	*Cyperus serotinus*	当年草	低矮草本	湿生	种子	****
66	碎米莎草	莎草	*Cyperus iria*	当年草	低矮草本	湿生	种子	****
67	异型莎草	莎草	*Cyperus difformis*	当年草	低矮草本	旱生	种子	****
68	断节莎	莎草	*Cyperus odoratus*	当年草	中型草本	水生	种子	***
69	两歧飘拂草	莎草	*Fimbristylis dichotoma*	当年草	低矮草本	湿生	种子	*****
70	小蓬草	菊	*Erigeron canadensis*	当年草	亚灌木状	旱生	种子	*****
71	香丝草	菊	*Erigeron bonariensis*	当年草	亚灌木状	旱生	种子	*****

序号	植物名	科	拉丁名	分类	植物形态	生境	繁殖方式	危害程度
72	翅果菊	菊	*Lactuca indica*	当年草	亚灌木状	旱生	种子	*****
73	鳢肠	菊	*Eclipta prostrata*	当年草	中型草本	湿生	种子	***
74	钻叶紫菀	菊	*Aster subulatus*	当年草	亚灌木状	旱生	种子	****
75	水苦荬	车前	*Veronica undulata*	当年草	低矮草本	旱生	种子	***
76	蚊母草	车前	*Veronica peregrina*	当年草	低矮草本	旱生	种子	***
77	鸭跖草	鸭跖草	*Commelina communis*	当年草	低矮草本	旱生	种子	***
78	母草	母草	*Lindernia crustacea*	当年草	匍匐草本	旱生	种子	****
79	通泉草	通泉草	*Mazus pumilus*	当年草	低矮草本	旱生	种子	*****
80	习见蓼	蓼	*Polygonum plebeium*	当年草	低矮草本	旱生	种子	***
81	愉悦蓼	蓼	*Polygonum jucundum*	当年草	低矮草本	旱生	种子	***
82	长鬃蓼	蓼	*Polygonum longisetum*	当年草	低矮草本	旱生	种子	***
83	绵毛酸模叶蓼	蓼	*Polygonum lapathifolium var. salicifolium*	当年草	高大草质	旱生	种子	***
84	密毛酸模叶蓼	蓼	*Polygonum lapathifolium var. lanatum*	当年草	高大草质	旱生	种子	***
85	葎草	大麻	*Humulus scandens*	当年草	草质藤本	旱生	种子	*****
86	盒子草	葫芦	*Actinostemma tenerum*	当年草	草质藤本	旱生	种子	*****
87	马交儿	葫芦	*Zehneria indica*	当年草	草质藤本	旱生	种子	****
88	毛茛	毛茛	*Ranunculus japonicus*	当年草	低矮草本	湿生	种子	****
89	石龙芮	毛茛	*Ranunculus sceleratus*	当年草	中型草本	湿生	种子	****
90	小酸浆	茄	*Physalis minima*	当年草	中型草本	旱生	种子	***
91	龙葵	茄	*Solanum nigrum*	当年草	中型草本	旱生	种子	***
92	马齿苋	马齿苋	*Portulaca oleracea*	当年草	低矮草本	旱生	种子	****
93	田麻	锦葵	*Corchoropsis crenata*	当年草	亚灌木状	旱生	种子	***
94	甜麻	锦葵	*Corchorus aestuans*	当年草	亚灌木状	旱生	种子	***
95	苘麻	锦葵	*Abutilon theophrasti*	当年草	亚灌木状	旱生	种子	***

序号	植物名	科	拉丁名	分类	植物形态	生境	繁殖方式	危害程度
96	豆劳	豆	*Glycine soja*	当年草	草质藤本	旱生	种子	***
97	合萌	豆	*Aeschynomene indica*	当年草	亚灌木状	湿生	种子	****
98	田菁	豆	*Sesbania cannabina*	当年草	亚灌木状	湿生	种子	****
99	鸡矢藤	茜草	*Paederia foetida*	当年草	草质藤本	旱生	种子	*****
100	丁香蓼	柳叶菜	*Ludwigia prostrata*	当年草	亚灌木状	湿生	种子	***
101	假柳叶菜	柳叶菜	*Ludwigia epilobioides*	当年草	亚灌木状	湿生	种子	***
102	草龙	柳叶菜	*Ludwigia hyssopifolia*	当年草	亚灌木状	湿生	种子	***
103	夏至草	唇形	*Lagopsis supina*	多年草	亚灌木状	旱生	种子	***
104	细风轮菜	唇形	*Clinopodium gracile*	多年草	低矮草本	旱生	种子	****
105	雀稗	禾本	*Paspalum thunbergii*	多年草	中型草本	旱生	种子	****
106	芦苇	禾本	*Phragmites australis*	多年草	高大草质	旱生	种子	*****
107	狗牙根	禾本	*Cynodon dactylon*	多年草	低矮草本	旱生	根茎	*****
108	白茅	禾本	*Imperata cylindrica*	多年草	低矮草本	旱生	根茎	*****
109	旋复花	菊	*Inula japonica*	多年草	中型草本	旱生	种子	****
110	苣荬菜	菊	*Sonchus wightianus*	多年草	高大草质	旱生	种子	****
111	苦苣菜	菊	*Sonchus oleraceus*	多年草	高大草质	旱生	种子	***
112	中华苦荬菜	菊	*Ixeris chinensis*	多年草	低矮草本	旱生	种子	****
113	剪刀股	菊	*Ixeris japonica*	多年草	低矮草本	旱生	种子	****
114	马兰	菊	*Aster indicus*	多年草	低矮草本	旱生	根茎	****
115	蒲公英	菊	*Taraxacum mongolicum*	多年草	低矮草本	旱生	种子	****
116	稻槎菜	菊	*Lapsanastrum apogonoides*	多年草	低矮草本	旱生	种子	****
117	黄鹌菜	菊	*Youngia japonica*	多年草	中型草本	旱生	种子	*****
118	泥胡菜	菊	*Hemisteptia lyrata*	多年草	中型草本	旱生	种子	****
119	野艾蒿	菊	*Artemisia lavandulifolia*	多年草	中型草本	旱生	种子	***
120	加拿大一枝黄花	菊	*Solidago canadensis*	多年草	亚灌木状	旱生	种子、根茎	*****

续表

序号	植物名	科	拉丁名	分类	植物形态	生境	繁殖方式	危害程度
121	天名精	菊	*Carpesium abrotanoides*	多年草	亚灌木状	旱生	种子	***
122	何首乌	蓼	*Fallopia multiflora*	多年草	草质藤本	旱生	种子、根茎	*****
123	水毛茛	毛茛	*Batrachium bungei*	多年草	沉水草本	水生	种子	***
124	天葵	毛茛	*Semiaquilegia adoxoides*	多年草	低矮草本	湿生	种子	***
125	扬子毛茛	毛茛	*Ranunculus sieboldii*	多年草	中型草本	湿生	种子	****
126	蛇莓	蔷薇	*Duchesnea indica*	多年草	匍匐草本	旱生	种子、茎	****
127	三叶委陵菜	蔷薇	*Potentilla freyniana*	多年草	匍匐草本	旱生	种子、茎	****
128	香附子	莎草	*Cyperus rotundus*	多年草	低矮草本	旱生	种子、鳞茎	*****
129	无刺鳞水蜈蚣	莎草	*Kyllinga brevifolia var. leiolepis*	多年草	低矮草本	湿生	种子、鳞茎	*****
130	水蜈蚣	莎草	*Kyllinga polyphylla*	多年草	低矮草本	湿生	种子、鳞茎	****
131	短叶水蜈蚣	莎草	*Kyllinga brevifolia*	多年草	低矮草本	湿生	种子、鳞茎	*****
132	喜旱莲子草（水花生）	苋	*Alternanthera philoxeroides*	多年草	低矮草本	湿生旱生	根茎	*****
133	牛膝	苋	*Achyranthes bidentata*	多年草	高大草质	旱生	种子	*****
134	土牛膝	苋	*Achyranthes aspera*	多年草	高大草质	旱生	种子	*****
135	阿拉伯婆婆纳	车前	*Veronica persica*	多年草	低矮草本	旱生	种子	*****
136	乌蔹莓	葡萄	*Cayratia japonica*	多年草	草质藤本	旱生	种子	*****
137	旋花	旋花	*Calystegia sepium*	多年草	草质藤本	旱生	种子	*****
138	马蹄金	旋花	*Dichondra micrantha*	多年草	低矮草本	旱生	根茎	*****
139	鹅肠菜（牛繁缕）	石竹	*Myosoton aquaticum*	多年草	低矮草本	旱生	种子	****

序号	植物名	科	拉丁名	分类	植物形态	生境	繁殖方式	危害程度
140	酢浆草	酢浆草	*Oxalis corniculata*	多年草	匍匐草本	旱生	根茎	*****
141	天蓝苜蓿	豆	*Medicago lupulina*	多年草	匍匐草本	旱生	种子	*****
142	紫花地丁	堇菜	*Viola philippica*	多年草	低矮草本	旱生	种子	*****
143	白花地丁	堇菜	*Viola patrinii*	多年草	低矮草本	旱生	种子	*****
144	白花堇菜	堇菜	*Viola lactiflora*	多年草	低矮草本	旱生	种子	****
145	犁头草	堇菜	*Viola japonica*	多年草	低矮草本	旱生	种子	****
146	大叶鸭跖草	鸭跖草	*Commelina suffruticosa*	多年草	低矮草本	旱生	种子、根茎	****
147	天胡荽	五加	*Hydrocotyle sibthorpioides*	多年草	匍匐草本	旱生	根茎	*****
148	华萝藦	夹竹桃	*Metaplexis hemsleyana*	多年草	草质藤本	旱生	种子	*****
149	萝藦	夹竹桃	*Metaplexis japonica*	多年草	草质藤本	旱生	种子	*****
150	金鱼藻	金鱼藻	*Ceratophyllum demersum*	多年草	沉水草本	水生	种子	***
151	商陆	商陆	*Phytolacca acinosa*	多年草	高大草质	旱生	种子	***
152	垂序商陆	商陆	*Phytolacca americana*	多年草	亚灌木状	旱生	种子	***
153	木贼	木贼	*Equisetum hyemale*	蕨类	低矮草本	湿生	孢子	*****
154	地钱	地钱	*Marchantia polymorpha*	苔藓	低矮草本	湿生	孢子	***
155	葫芦藓	葫芦藓	*Funaria hygrometrica*	苔藓	低矮草本	湿生	孢子	*****

附录四

园林绿地中常见杂草用药一览表

序号	农药	商品名	类型	防治对象	作用	毒性	备注
1	2甲4氯钠	2甲4氯钠盐	选择性茎叶除草剂	双子叶植物根、茎、叶	苯氧乙酸类内吸传导激素型	低毒	雪松易药害
2	禾草灵	禾草灵	选择性茎叶除草剂	禾本科植物根、茎、叶	苯氧羧酸类	低毒	气温高,药效低;土壤湿度大,药效增
3	吡氟禾草灵	稳杀得(精)	选择性茎叶除草剂	禾本科植物根、茎、叶	内吸传导性	低毒	
4	喹禾灵	禾草克(精)	选择性茎叶除草剂	禾本科植物根、茎、叶	内吸传导性	低毒	
5	精恶唑禾草灵	骠马	选择性茎叶除草剂	禾本科植物茎、叶	内吸	低毒	对茵草、硬草效果差,对早熟禾无效
6	乳氟禾草灵	克阔乐	选择性茎叶除草剂	阔叶杂草(一年生)	触杀型	低毒	低于5℃易发生药害
7	麦草畏	百草敌	选择性茎叶除草剂	阔叶杂草根、茎、叶	内吸传导性强	低毒	
8	乙氧氟草醚	果尔	触杀型芽前、芽后除草剂	种子萌发的杂草	触杀型	低毒	有光条件下除草
9	三氟羧草醚	达克尔	选择性茎叶除草剂	阔叶杂草茎、叶	触杀型内吸	低毒	
10	二甲戊乐灵	施田补	选择性芽前土壤处理除草剂	种子萌发时阔叶植物下胚轴,禾本科植物芽	二硝基甲苯胺类	低毒	土壤湿度对药效影响大,湿度大药效增
11	地乐胺	地乐胺	选择性芽前土壤处理除草剂	单子叶一年生杂草幼芽、幼根	苯胺类内吸低毒	低毒	可作菟丝子茎叶处理剂
12	杀草胺	杀草胺	选择性芽前土壤处理除草剂	单子叶一年生杂草幼芽	内吸	低毒	

序号	农药	商品名	类型	防治对象	作用	毒性	备注
13	氟乐灵	特福力	选择性芽前土壤处理除草剂	种子萌发时阔叶植物下胚轴,禾本科植物芽	苯胺类内吸	低毒	
14	甲草胺	拉索	选择性芽前土壤处理除草剂	种子萌发时阔叶植物下胚轴,禾本科植物芽	酰胺类内吸传导	低毒	水分对药效影响大,降雨或灌溉药效增
15	异丙甲草胺	都尔	选择性芽前土壤处理除草剂	种子萌发时阔叶植物下胚轴,禾本科植物芽	酰胺类内吸传导	低毒	水分对药效影响大,降雨或灌溉药效增
16	乙草胺	乙草胺	选择性芽前土壤处理除草剂	种子萌发时阔叶植物下胚轴,禾本科植物芽	酰胺类内吸传导	低毒	水分对药效影响大,降雨或灌溉药效增
17	丙草胺	扫弗特	选择性芽前处理除草剂	种子萌发时阔叶植物下胚轴,禾本科植物芽	酰胺类内吸传导	低毒	水分对药效影响大,降雨或灌溉药效增
18	敌草胺	大惠利	选择性芽前土壤处理除草剂	种子萌发时阔叶植物根、下胚轴,禾本科植物芽	酰胺类内吸传导	低毒	水分对药效影响大,降雨或灌溉药效增
19	丁草胺	丁草胺	选择性芽前处理除草剂	种子萌发时阔叶植物根、下胚轴,禾本科植物芽	酰胺类内吸传导	低毒	水分对药效影响大,降雨或灌溉药效增
20	禾草特	禾大壮	选择性除草剂	禾本科植物芽鞘和初生根	内吸传导	低毒	
21	敌草隆	敌草隆	选择性除草剂	部分禾本科、阔叶一年生杂草根系吸收	取代脲类内吸传导	低毒	

续表

序号	农药	商品名	类型	防治对象	作用	毒性	备注
22	异丙隆	异丙隆	选择性芽前芽后早期除草剂	部分禾本科、阔叶一年生杂草根系吸收	取代脲类内吸传导	低毒	
23	扑草净	扑草净	选择性除草剂	部分禾本科、阔叶一年生杂草根系吸收	三氮苯类内吸传导	低毒	
24	西玛津	西玛津	选择性除草剂	部分禾本科、阔叶一年生杂草根系吸收	三氮苯类内吸传导	低毒	
25	莠去津	阿特拉津	选择性除草剂	部分禾本科、阔叶一年生杂草根系吸收	三氮苯类内吸传导	低毒	
26	氰草津	百得斯	选择性除草剂	部分禾本科、阔叶一年生杂草根系吸收	三氮苯类内吸传导	中毒	
27	氯磺隆	绿磺隆	选择性除草剂	阔叶杂草根、茎、叶	磺酰脲类内吸传导	低毒	2叶期药效高
28	甲磺隆	甲磺隆	选择性除草剂	阔叶杂草根、茎、叶	磺酰脲类内吸传导	低毒	
29	苯磺隆	阔叶净	选择性苗后除草剂	阔叶杂草根、茎、叶	磺酰脲类内吸传导	低毒	
30	吡嘧磺隆	草克星	选择性除草剂	阔叶杂草根、茎、叶也能吸收	磺酰脲类内吸传导	低毒	
31	苄嘧磺隆	农得时	选择性除草剂	阔叶杂草根、叶	磺酰脲类内吸传导	低毒	
32	噻吩磺隆	阔叶散	选择性除草剂	阔叶杂草根、叶	磺酰脲类内吸传导	低毒	
33	氯嘧磺隆	豆威	选择性芽前、芽后除草剂	阔叶杂草根、茎、叶	磺酰脲类内吸传导	低毒	

续表

序号	农药	商品名	类型	防治对象	作用	毒性	备注
34	啶嘧磺隆	秀百宫	选择性除草剂	禾本科、阔叶一年生杂草和莎草	磺酰脲类内吸传导	低毒	不能用于冷季型草坪
35	莎稗磷	阿罗津	选择性除草剂	3叶期前禾本科一年生植物，部分一年生莎草	有机磷内吸	低毒	
36	草甘膦	农达、农民乐、草甘膦异丙盐	灭生性除草剂	杀草谱广，100多种	有机磷内吸传导	低毒	百合科、旋花科、豆科部分杂草有抗性
37	百草枯	克无踪	灭生性除草剂	植物绿色茎、叶吸收，细胞快速脱水	速效触杀型	中毒	木质化棕色茎无影响，与泥土接触失去活性
38	灭草松	苯达松	选择性苗后除草剂	阔叶一年生杂草叶片渗透	触杀型渗透传导	低毒	
39	噁草酮	恶草灵	选择性除草剂	禾本科、阔叶一年生杂草和莎草	触杀型	低毒	
40	氟草定	使它隆	选择性除草剂	阔叶杂草茎、叶吸收	氟氯吡氧乙酸内吸传导	低毒	与其他除草剂混用应后加入
41	高效氟吡乙禾灵	高效盖草能	选择性除草剂	禾本科植物叶片吸收	内吸传导	低毒	
42	稀禾定	拿捕净	选择性茎叶除草剂	禾本科植物茎、叶吸收	内吸传导	低毒	
43	嘧啶水杨酸	韩乐天	选择性除草剂	杀草谱广	内吸传导	低毒	
44	异噁唑草酮	百农思	选择性除草剂	杀草谱广，阔叶一年生杂草幼根吸收	内吸传导	低毒	

参 考 文 献

1. 中国科学院动物研究所. 中国蛾类图鉴（Ⅰ）［M］. 北京：科学出版社，1981.

2. 中国科学院动物研究所. 中国蛾类图鉴（Ⅱ）［M］. 北京：科学出版社，1982.

3. 中国科学院动物研究所. 中国蛾类图鉴（Ⅲ）［M］. 北京：科学出版社，1982.

4. 中国科学院动物研究所. 中国蛾类图鉴（Ⅳ）［M］. 北京：科学出版社，1983.

5. 徐公天, 杨志华. 中国园林害虫［M］. 北京：中国林业出版社，2007.

6. 叶钟音. 现代农药应用技术全书［M］. 北京：中国农业出版社，2002.

7. 吴时英. 城市森林病虫害图鉴［M］. 上海：上海科学技术出版社，2005.

8. 中国植物图像库［EB/OL］.（2008 - 06 - 02）［2018 - 12 - 10］. http://ppbc. iplant. cn.